青春文庫

ふしぎ歴史館

世界遺産 30の謎の痕跡 巻ノ二

歴史の謎研究会［編］

青春出版社

神秘の遺産に秘められた謎に迫る！

２０００年３月、インドで今世紀最大の発見といわれる遺跡の一部が発掘された。

それは、紀元前３０００年から紀元前１５００年ごろに栄えたインダス文明の都市、ドーラビーラ遺跡である。この遺跡が今世紀最大の発見といわれているのは、高度な文明を持つ都市であっただけでなく、世界四大文明の中で唯一の謎とされてきたインダス文字解読のカギを握っていると考えられているからだ。

インダス文字が解読されると、インダス文明の全貌が明らかになるだけでなく、これまでの人類史を１８０度変えてしまう可能性も大いにあり得るのだ。

実は、ドーラビーラ遺跡に限らず、世界各地にはまだまだ数多くの謎の痕跡が地中深くに眠っている。途切れ途切れになっている人類の歴史を一つにつなぐであろう多くの破片が、何千年、何万年という時を経たいまもなお埋もれたままになっているのだ。

その中で奇しくも深い眠りからさめ、再びその姿を現代に蘇らせた遺跡の数々は、まさしくわれわれにとって貴重な財産といえる。

ユネスコの世界遺産には、こうした都市や文明の遺跡が多数、登録されている。中には壊滅寸前の状態にあったり、保存のために途中で発掘をあきらめざるを得ない遺跡もある。しかし、人類はできる限りの手をつくして修復や保存の作業を行ったり、あるいは研究調査を進めている。

他方、人類の歴史だけでなく地球の長い歴史が育くんだ自然の産物もまた、世界遺産に登録されている。

本書は、1月に発行された『世界遺産35の謎の収集』の第2弾である。前作では世界各地の隠された遺産の全貌に迫ったが、今回はさらに深くその《迷宮》にわけ入り謎の痕跡をたどった。

たとえば、古代アンデス人。驚くことに、彼らは2000年も前にすでに頭蓋骨の手術を行っていたというのである。現代医学でも難しいとされる頭部の手術を、アンデスの人々はどのように行っていたのだろうか。

また、マリー・アントワネットの亡霊が出るというヴェルサイユ宮殿。この華やかな宮殿はどんな人たちと関わりを持ち、どんな運命をたどってきたのか。

そして、不毛のサハラ砂漠に8000年の歴史を描き残していったのはいったい誰なのか。一瞬にして灰に埋もれてしまったイタリアのポンペイには、どんな人々が住んでいたのか……。

現在、世界遺産に登録されている物件は630にのぼる。その一つひとつに未知なる謎が隠されている。

悠久のときの彼方に実在した都市への、そしてそこで暮らしていた人々への想像は尽きない。

世界遺産には人類と地球の記録、そしてロマンが凝縮されているのだ。

2000年4月

歴史の謎研究会

古都京都の文化財
太平洋
厳島神社
古代都市テオティワカン
ティカル国立公園
大西洋
メキシコシティ
歴史地区とソチミルコ
オアハカ歴史地区と
モンテ・アルバン遺跡
チャビン
クスコ市街
N

＜世界遺産30の謎の痕跡＞

パリのセーヌ河岸
ヴェルサイユ宮殿と庭園
サンティアゴ・デ・コンポステーラの巡礼路
ハンザ同盟都市リューベック
プラハ歴史地区
ミュスタイルの聖ヨハネベネディクト会修道院
トロイ遺跡
ハットゥシャ
ネムルト・ダー
バールベック
エルサレム旧市街地とその城壁
グラナダのアルハンブラ、ヘネラリーフェとアルバイシン
ポンペイ、エルコラーノ、トッレ・アヌンツィアータの遺跡
サモス島のピタゴリオンとヘラ宮殿
タッシリ・ナジェール
ティヤ
モヘンジョダロ遺跡
古代都市シギリヤ
ラサのポタラ宮
万里の長城
峨眉山と楽山大仏
アンコー
遺跡群
インド洋

CONTENTS

第1章　迷宮に残された謎の痕跡

第2章　浮かび上がる奇跡の建築物

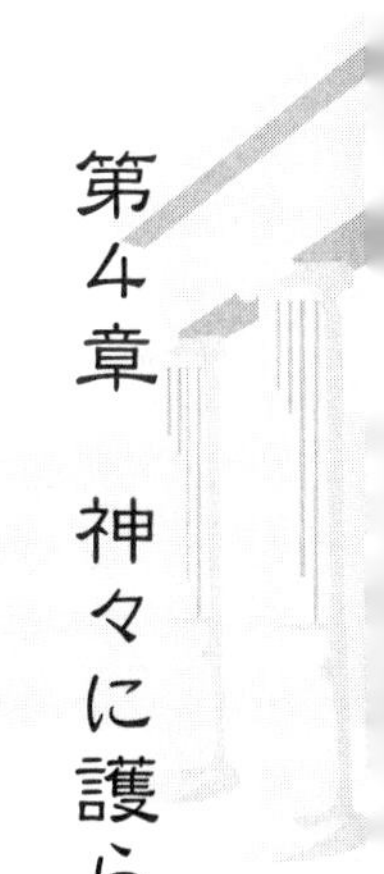

第4章　神々に護られた神秘の遺跡

第5章　美の遺産の隠された真相

●本書の読み方

各項目の見出しは、上から横書きで物件の所在する国名、縦書きで物件名、横書きで遺産種別、登録年度の順に記載してあります。

なお、「文化遺産」は普遍的な価値を持つ建造物、遺跡、記念工作物、「自然遺産」は普遍的な価値を持つ地形や生物、景観などを含む地域、「複合遺産」は文化遺産と自然遺産両方を併せ持つものとなっています。

◆ブックデザイン……… 坂川事務所

◆カバーデザイン……… フラミンゴスタジオ

◆カバー写真提供……… PPS通信社

◆本文レイアウト……… 門倉　泉

◆企画・製作………… 新井イッセー事務所

第１章
迷宮に残された謎の痕跡

カンボジア

アンコール遺跡群
「死の国」の方角に建てられた不可思議な寺院

文化遺産
1992年

その遺跡は密林の奥深くにひっそりと佇《たたず》んでいた。アンコールの遺跡、この世界一巨大な宗教建築物を持つ遺跡が、世界中の人々の知るところとなったのは、1860年のことである。

フランスの博物学者アンリ・ムオは、未発見の動植物を調査するために、当時管轄下にあったカンボジアへわたった。そして、現地の宣教師の案内によってアンコールの遺跡を目の当たりにする。彼は、その美しさと建築構造の複雑さに驚嘆し、さっそく地図を作製。そして建築物をデッサンし、写真を撮り、報告書をまとめた。これが、アンコール遺跡の視覚的記録の第1号だ。

しかし、それ以前にもアンコールの遺跡に関する記録は多数残されていた。中国の使節、周達観《しゅうたっかん》はカンボジアに1年間滞在し、その様子を書き記した見聞録『真臘《しんろう》風土記』を13世紀に出版している。16世紀にはポルトガルの編年史家ディエゴ・

ド・コートが、正確にアンコールの姿を書き記している。

また同じころ、スペインやポルトガルの宣教師たちもこの地を訪れ、アンコールの遺跡と対面しているのだ。そうしたアンコール遺跡を目にした西洋人たちのあいだでは、さまざまな憶測が飛び交った。

「きっとアレクサンダー大王が造ったに違いない」「いや、ローマ人だろう」「おそらくトラヤヌス帝だ」「本当は中国のユダヤ人ではないのか」

誰一人としてカンボジア人が建築したとは思いもしなかったのである。驚くことに、その偏見は20世紀になっても続いていたという。

見た者誰をもとりこにしてしまうというアンコール。それは、いったいどんな遺跡なのだろうか。

アンコールの遺跡群は、802年に創設されたアンコール王朝の都城《とじょう》遺跡である。アンコール王朝は600年間続き、最盛期には都市は100平方キロメートル以上にも拡がり、人口は50万人をも擁《よう》していた。この600年のあいだに数々の寺院が建立され、主要な遺跡だけでもおよそ26ヵ所、寺院を含めたすべての遺跡は910にものぼると報告されている。

この遺跡群の中で、世界一巨大な宗教建築物であり、その優美な姿が多くの人々を魅了し続けているのがアンコール・ワットである。

天に向かってそびえ立つ5つの尖塔、三重の回廊、絵巻物のごとく壁一面に彫られたレリーフ、寺院を囲む十字のテラス。

蓮《はす》のつぼみをかたどった尖塔はなだらかなふくらみを持ち、中央の最大の塔は65メートルの高さを誇る。周囲は5・4キロメートルの水郷に囲まれ、荘厳な雰囲気を醸し出している。

このアンコール・ワットは、アンコール王朝が最盛期を迎えた1113年、スールヤヴァルマン2世が30年の歳月を費やして建造したものである。アンコールは王城、ワットは寺院を意味し、その名のとおりアンコール・ワットは寺院であり王宮であり、そしてスールヤヴァルマン2世の霊廟《れいびょう》でもあったのだ。

他の寺院も同じように王城、寺院、霊廟の役目を果たし、多くがヒンズー教のシヴァ神を祀《まつ》っているが、どういうわけかアンコール・ワットだけはヴィシュヌ神を祀っているのである。ヴィシュヌ神とは、ヒンズー教三大神の一つで天空地の三界の救済の神としてあがめられた神である。

実は、スールヤヴァルマン2世は神であり、彼はヴィシュヌ神と合体したというのだ。合体するほど強く信仰した神を祀るのは当然である。その強い信仰は、数々のレリーフにも見て取れる。

たとえば第1回廊の壁面には、古代インドの叙事詩『マハーバーラタ』と『ラーマーヤナ』がレリーフに描かれている。どちらも王位継承をめぐる骨肉の争いを描いた物語であるが、『ラーマーヤナ』のラーマという主人公はヴィシュヌ神が現世に現れたときの姿だという。

叙事詩以外にもヴィシュヌ神に関する神話を描いたレリーフはいたるところにあり、レリーフによってヴィシュヌ神を讃えていることがよくわかる。

ちなみにアンコール・ワット中央の尖塔はスールヤヴァルマン2世自身を象徴したものである。つまり、尖塔とそれを取り巻くレリーフは、まさしくスールヤヴァルマン2世とヴィシュヌ神の合体を表現したものといえるのだ。

ほかにも、アンコール・ワットには他の寺院と異なる点が見られる。まず第一に西向きに建てられていることだ。古代からどこの文明においても、西は太陽が沈む方向、つまり死者の世界を指す方角として忌み嫌われている。もちろん、アンコール寺院の中でもほかに西を向いている寺院は一切ない。なぜ、アンコール・ワットだけが西向きなのだろうか。

ヒントの一つが建築材料だ。使用した石材はタイから運河を使って運ばれたと推測されており、そのため建築しやすいように河の方向にあたる西を正面にしたというのだ。

さらにこんな説もある。アンコール・ワットはスールヤヴァルマン2世の霊廟である。死後、迷うことなく死の国へ旅立っていけるよう、彼はあえて西向きに建造したという。

しかし、アンコール・ワットには暗い死のイメージは微塵《みじん》も感じられない。東側が背面になるため、とくに日の出のときは神秘的で神々しい雰囲気を漂わせ、人々を幻想的な世界へと導いてくれるのだ。

さて、アンコール・ワットは見れば見るほどユニークで独特な様相を呈している。アンコール・ワットはヒンズー教の宇宙観に基づいて造られた、地上の小宇宙を表現していると考えられている。たとえば仏教の宇宙観が、中央にそびえる神々の住む須弥山《しゅみせん》の周囲をいくつもの山脈が囲んでいるように、ヒンズー教では聖なる山、メールを6つの陸地が取り囲んでいるのだ。

尖塔はメールを、回廊は陸と山脈を、そして周囲の濠《ごう》は海を表現しているという。

また調査の結果、アンコール・ワットと南東に5・6キロメートル離れたプラサット・クック・バングロ寺院は、冬至のときの日の出と日没を結ぶ直線上に配置さ

アンコール遺跡群

密林の奥深くに佇んでいたアンコール・ワット。

れていることがわかった。

実は、アンコールの遺跡は天文に関連して建築されているのだ。

それを裏付けるのが、周達観の『真臘風土記』だ。彼はその中でこんなことを書いている。

「王は王国の繁栄のために、夜毎、女性の姿をした9つの頭を持つ蛇の神と契りを結ぶ。もし一夜でも結ばなければ、必ず災いが訪れるという」

周達観の情報はほぼ100パーセント間違いないといわれるほど信憑性が高いとされている。では、スールヤヴァルマン2世と神が実際に契りを結んでいたというのだろうか。

たしかに西参道には、獅子像とともに7つの頭を持つ蛇神ナーガが立ち、蛇神を祀っていたのは事実である。周達観のいう蛇神とはこの建造物を指しているのだろうか。

しかし、建造物は7つの頭、記録には9つの頭と記され、矛盾が生じている。

多くの学者たちの見解によれば、王が毎夜行っていたのは天体観測だったというのだ。北の空に輝くのは、竜座である。アンコール遺跡群は、天界の竜座を地上に反映したものと考えられ、宇宙と地上を結ぶ役割を果たそうとしていたと推測されているのだ。

ところで、アンコールの遺跡には、アンコール・ワットと並んで有名なアンコール・トムやバイヨン寺院、ピミアナカス寺院、象のテラスなどがある。

アンコール・トムは周囲12キロメートル、幅130メートルの濠に囲まれた城塞都市で、ジャヤヴァルマン7世が1181年に造営した。都市の中心には巨大な仏陀の顔で覆われたバイヨン寺院があり、ここにはかつて小舟が行き交う運河もあったという。バイヨン寺院の四面仏は50以上のすべての堂塔《どうとう》に刻まれている。

ジャヤヴァルマン7世はヒンズー教を捨て仏教を信じていた。彼は自分を生きている仏陀とし、自分の顔をモデルにした仏陀の顔を彫刻したのだ。しかし、アンコール・トムには仏教だけでなくヒンズー教を象徴するものも存在する。

南大門には54体ずつの神々と阿修羅《あしゅら》の像が立ち並び、蛇神ナーガの胴体を引っぱる姿を目にすることができる。これは、ヒンズー教の教典に出てくる『乳海攪拌《にゅうかいかくはん》』という物語を表しているという。物語は、神々と魔族が共同で蛇を使って乳海を攪拌することによって平和を取り戻すというものだ。アンコール・ワットの第1回廊の壁画にもこの物語がレリーフにされているが、実はアンコール・トムそのものがこの物語を立体的に表現しているものだという。乳海攪拌の図からいうとバイヨン寺院はマンダラ山にあたり、門の前の像が蛇を引く神々と魔族の姿なのだ。

このように、アンコール・トムは仏教とヒンズー教の象徴が入り交じった都市でもあるのだ。

ところで、これだけ精巧で瀟洒《しょうしゃ》な建造物であるにもかかわらずアンコールの遺跡の図面は一切残っていない。それどころか、建築に関する文献も何一つないのである。その謎を解き明かす手がかりは、建築物に刻まれた碑文、あるいはインドやイスラム、中国などの伝承だけである。

が、王朝建築に関してこんな興味深い話がある。紀元前1000年ころにはすでに、東南アジアには多くの人々が住んでいたが、なぜか7世紀になるまで町というものは発展しなかった。それが8世紀になって突如、各地に文明がおこり、このころからいまに残る遺跡の多くが建てられるようになっていった。アンコール王朝もその一つだ。

なぜ、ときを同じくして一斉に文明が誕生したのかはいまもって解明されていない。

その謎を解くカギは次の言い伝えにあるといえそうだ。

それは、アンコール王朝を築いたジャヤヴァルマン2世はカンボジア人ではなく、

770年ころインドネシアからやってきたインドネシア人だというものだ。

770年はアンコールに小王国が造られたときであり、また、インドネシアの世界最大の仏教遺跡ボロブドゥール寺院の建設時期とほぼ重なるのだ。アンコールの遺跡とボロブドゥールには共通点が見出されており、アンコールはたしかにジャワ文化の影響を受けている。つまり、言い伝えどおりジャヤヴァルマン2世はインドネシア人であり、彼がこの地にやってきてアンコール王朝をおこし、インドネシアの建築技術を駆使して建造物を造ったという仮説が成立する。

インドネシアからやってきたのはジャヤヴァルマン2世だけでない。このとき同時に複数の人々が東南アジアの各地へ赴き、そこで文明を築き上げたと考える学者もいるのだ。だとすれば、同時期、各地に相次いで文明が起こったとしても何らおかしくはない。

また、学者たちのあいだでよく取り上げられるもう一つの謎が、なぜここが捨て去られてしまったか、ということだ。アンコール王朝は12世紀以降衰退の一途をたどる。最終的なアンコール王朝の滅亡は、タイのスコタイ王朝の侵入による。しかし、これほどまでに高度な建築技術を持つ民族が、おいそれと簡単に崩壊してしまうのだろうか。

アンコール王朝は、貯水池や運河など水に関するシステムが整っていた。とくに雨季と乾季しかない土地柄、灌漑《かんがい》用貯水池には歴代のどの王も力を入れていた。造るのはもちろん国民である。一説には、その労働があまりにも苛酷だったため、国民はもとより国全体が疲弊し衰えてしまったのではないかと考えられている。

また、13世紀末に入ってきた小乗仏教の禁欲の教えによって国民が平和主義になり、タイが侵入してきても戦う意欲がないため、いとも簡単に陥落させられてしまったという説も飛び出している。いずれにしても、確証はなく謎に包まれたままである。

現在、神秘の遺跡アンコールは内戦や酸性雨、熱帯雨林の生育による自然破壊がすさまじく、危機遺産にも登録されている。さらには、修復に関して各国で意見が食い違い、左右非対象になってしまったり、薬品によって脱色してしまうなど救いの手を差し伸べたばかりに起きた問題が多いのもまた事実である。

カンボジア人がいかにアンコールの遺跡を誇りに思っているかは、カンボジア国旗の中央にアンコール・ワットが描かれているのを見ればわかる。

カンボジア、そして世界の遺産を残すためにも、せめて人間の手による破壊だけは避けたいものだ。

パキスタン

モヘンジョダロ遺跡
破壊と再建が600年間繰り返された奇妙な古代都市

文化遺産
1980年

４０００年の時を経て現代に蘇ったその遺跡は、発掘から80年が経とうといういまもなお多くの考古学者たちを悩ませ続けている。

モヘンジョダロ。パキスタンの首都カラチから北へ３００キロメートルほど行ったインダス川下流にあるこの遺跡は１９２２年、想像をはるかに超えた驚くべき姿をわれわれの前に披露してくれた。

土の中から掘り出されたのは、紀元前２３００年ころから６００年間繁栄した、緻密な計画に基づいて築かれたインダス文明の古代都市だったのだ。

都市は正方形の形をし、西が城塞地区、東が市街地区と東西に機能がわかれていた。城塞地区は城壁で囲まれ、沐浴《もくよく》場、日干しレンガと焼きレンガで造られた高さ10メートルほどの見張り塔、穀物倉、高僧の学問所、集会所、高官の邸宅などがあり、ここでは行政を行っていたと考えられている。

沐浴場は縦横12メートル×7メートル、深さ2・5メートルのレンガを積み上げて造ったプールで、両脇に階段が設けられ、下へ降りることができる。底は、水が抜けないように瀝青《れきせい》と呼ばれる天然のアスファルトで固められ、プールの周囲は部屋のある建物で囲まれている。中にはこの部屋を更衣室と見立て、水泳や水遊びをするプールだったと説く学者もいるが、ほとんどは都市の中でもっとも神聖な場所、つまり祭儀場と見ている。では、ここでは何を祈ったのか。

周囲からは赤土の素焼きでできた神像《しんぞう》が多く出土している。この神はアプラサスという母権社会を象徴し、娼婦を兼ねた神であった。実は、巫女《みこ》は娼婦の起源であり、沐浴場の周囲の部屋では巫女たちが神の代わりに聖なる売春を行っていたというのだ。

祭儀は、アプラサスとも関連するサンスクリット文献に登場する懐胎《かいたい》を祈願するものではないかというのが大方の意見であり、神官たちは沐浴場で身を清めたあと、子孫繁栄の祈願を行っていたらしい。

このように、城塞地区は行政だけでなく宗教的な役割も果たしていたようだ。

ところで、高僧の学問所、集会所、高官の邸宅などは、仮にその名がついているだけで、実は使用目的などはまったく解明されていない。

一方の市街地区は、東西２本、南北３本の幅10メートルの道路で12区間に分割され、さらに幅１・５ないし３メートルほどの細い路地で細かく区画されている。レンガ造りの住居のほとんどが２階建て、あるいは３階建てで、中庭を取り巻くように部屋が設けられ、吹き抜けと階段で上の階に行けるようになっていた。

驚くことにすべての家には、トイレと浴室が完備されていたのだ。中には腰掛け式のトイレもあるという。現代人を驚嘆させるのはそれだけでない。２階、あるいは３階から捨てたゴミが直接１階にたまるようダストシュートが造られていたのだ。

さらには、水気の多い浴室には焼きレンガ、冷気を保つために居間には日干しレンガといった具合に、目的によってレンガを使いわけていたのである。そのレンガにも規格があり、縦30センチ、横15センチ、厚さ７・５センチ、すなわち４対２対１の割合できちんと統一されていたのだ。

ところで、なぜか家の玄関はけっして大通りには面しておらず、また窓のある家は皆無に等しい。日射しやほこりを避けるため、プライバシーを守るためなど諸説挙げられているが、いずれも確証はない。

このように見事な環境整備がなされた市街地において、もっとも特筆すべきことは下水道設備であろう。大通りはもちろん路地にもレンガを組んだ排水溝があり、これはさらに大きな下水口へとつながっている。家庭からの排水はいったん濾《こ》されて、下水溝へ運ばれる。排水溝のところどころには点検孔があって、溝が詰まらないようになっている。マンホールも備えられ、掃除ができるようになっているのだ。

東京に下水道設備が完備されたのは1960年代であることを考えると、モヘンジョダロがいかに高度な文明を持つ都市だったか容易に察することができる。

さて、これだけの都市を造るには、それなりの労力が必要で当然、王に相当する指導者がいたはずである。

ところが、エジプトやメソポタミアなど他の文明では必ず建てられていた神殿や宮殿、王墓といった、権力を誇示する建物や彫像が、モヘンジョダロでは一切発見されていないのだ。これはどういうことを意味するのだろうか。

現在推測されているのは、王のような人物は存在しないが、強大な支配者がいたということだけである。その支配者が個人であるか集団であるかも不明である。商人階級のリーダー集団だったという説もある。

また、モヘンジョダロ以外にもこれまでにハラッパーなど200以上のインダス文明の遺跡が発見されているが、いずれもモヘンジョダロよりも後に造られ、先に滅んでいる。モヘンジョダロに似た都市も造られていることから、おそらくモヘン

モヘンジョダロ遺跡

ほんの一部しか発掘されていない謎だらけの遺跡。

ジョダロの支配者が周辺にその文明を伝えていったと推測できる。

学者たちは、モヘンジョダロはきわめて高度で平和的かつ閉鎖的な社会だったと見ている。なぜなら、出土した武器はとても戦闘に使えるような代物ではなく、おそらく軍事力を持っていなかったと考えられているのだ。また、戦争の傷跡も見当たらない。このことから、侵略はおろか外部との接触さえない孤立した都市であったというのだ。

モヘンジョダロの発掘が進むにつれ、さらに驚くべき事実が明らかになってきた。モヘンジョダロは3度の洪水に見舞われながらも、洪水前と同じ設計の都市を築いていたのだ。まるで必ず元の都市に復元しなければいけないという強迫観念にかられていたかのように。

ところが、復元はこの3回だけではなかった。モヘンジョダロは7つの層から成り立っており、洪水も含め計6回も立て替えられていたのだった。しかも、6回はいずれも前回の都市どおり、つまり、一番最初に築いた都市を元に復元していたのである。その頑なまでに復元へと駆り立てる思いとはいったい何だったのか、いまとなっては知る術もないが、彼らの高い建築の技術力だけは容易に察することができる。

ちなみに、モヘンジョダロの地層には、もっと古い都市が存在していることが調査で明らかにされている。その起源は紀元前4000年にまでさかのぼるといわれている。

平和だったはずのモヘンジョダロから忽然《こつぜん》と人々の姿が消えたのは、紀元前1800年ころのことである。それから今世紀になるまでこの地は忘れ去られていた。

モヘンジョダロが捨て去られてしまった理由としてこれまでに数々の説が挙げられてきた。

学者たちのあいだで、第一に推測された理由がアーリア人の侵略だった。モヘンジョダロは「死の丘」と訳される。7つの層の最上層に、男女14人の虐殺された遺体が発見されたためにこの名がついた。同時に、道路や城塞など下層の都市計画を無視して建てた粗末な住居跡も見つかっている。これがアーリア人侵略説を生んだのである。しかし、アーリア人が実際に侵略してきたのは、紀元前1500年ころでモヘンジョダロが滅びた後であるため、この説は間違いである。

次に考えられたのが砂漠化である。あまりにも大量のレンガを焼いたために、燃料であった森林がなくなり、また際限なく放牧したことで草がなくなり、砂漠化してしまったという説だ。が、周辺すべての森林がなくなることはあり得ないことは現代科学で証明されている。

もっとも信憑性の高い説がこれである。

地球規模の気候変動によるインダス川流路の変更だ。北半球と南半球にはそれぞれ1本ずつ収束帯という雨を降らせる帯がある。この収束帯は太陽の黒点活動などの影響を受け、ときどき移動するという。当時のモヘンジョダロは洪水が起こるほど雨量は豊富だった。それが収束帯の移動によってまったく雨が降らなくなってしまったというのだ。そしてインダス川の水量は減り、流路が変化し砂漠化した。同時に地下水にも影響を与え、塩害を招き農業が成り立たなくなった。そして人々は移動していったというわけだ。

無造作に建てられた粗末な家は、残されたわずかな人間が、秩序も考えず適当に建てたものだろう。また、虐殺の真相は定かではないが、死体はモヘンジョダロ最後の住人であることには違いない。

いずれにしてもモヘンジョダロは謎だらけである。インダス文字も発見されているが、まったく解読できていないのである。さらに一帯は塩害に苦しめられ、遺跡も塩に浸食されているため、これ以上発掘できない状態にある。このまま放置すれば、数十年ともたないともいわれているのだ。

ある研究者はこう語っている。最良の保存方法は、遺跡を再び地中に戻すことだ、と。現在、発掘されているのは全遺跡のほんの1割程度である。おそらくモヘンジョダロは、その姿を守るため永遠に謎を秘めたままその地に再び深く眠りつくことを願っているのだ。

ところで2000年3月、今世紀最大の発見といわれる遺跡が姿を現した。それは、インドの西部グジャラート州にあるドーラビーラ遺跡である。

ドーラビーラ遺跡は紀元前3000年から紀元前1500年ころまで栄えたインダス文明の都市で、今回発掘されたのは都市の主要部分である。東西781メートル、南北630メートルの外壁の中に、城塞や広場、競技場、住宅街が並び、そして水道施設も完備されていたのだ。

この遺跡がなぜ、世界中の研究者たちから注目を集めているのかといえば、世界四大文明の中で、唯一謎とされていたインダス文字解読のカギを握っていると考えられているからだ。遺跡からは世界最古とみられる看板、また印章が発見されており、これがインダス文字の解明に拍車をかけるとみられている。

ドーラビーラ遺跡の発掘によってインダス文明の全貌が明らかになる日はそう遠くないだろう。

グアテマラ

ティカル国立公園

マヤ文字解明で浮かび上がった暦の謎と「世界の終わり」

複合遺産
1979年

うっそうと木々が生い茂る熱帯の密林に、まるで沈んだ潜水艦の先が海から突き出ているかのように、神殿の頭だけがわずかに地中からのぞいていた。まさかこんなところに都市遺跡があるとは誰も想像できないようなジャングルの真ん中で、19世紀中ごろ、ティカルは1000年の眠りから覚めた。

ティカルは、マヤ古典期（250年～900年頃）の初期に、中部地域で中心的存在にあったと考えられている大都市である。都市の広さは現在のニューヨークのマンハッタンに相当し、最盛期の人口は5万人にも達した。都市の衰退は800年代後半と見られていることから、ティカルは古典期のあいだ中、ずっと君臨し続けた驚異の都市だったといえる。

1840年ごろ、マヤ文明の研究家が発見した当初は、全貌を明らかにする手がかりが何一つ見つからなかったが、その後少しずつ謎は解け始めた。

この地は、マヤ文明における最大規模の祭祀センターだった。人々は高度な文明を持ち、トウモロコシやマメを育て生活していた。都市の中心部は3ヵ所のアクロポリスや5つのピラミッド神殿などから形成されている。潜水艦のように突き出ていたのは、もっとも高い4号神殿で、高さは65メートルにも達する。

宮殿、球技場、霊廟など、発掘された遺物は現在までに3000点を数える。世界的に見ても遺物数の多さでは他にひけをとらず、当時の栄華が容易に想像できる。

だが、実はティカルが発見されたころ、ここはマヤ族が定住していた場所ではないと考えられていた。なぜかというと、水源があまりにも遠かったからである。

地下水を得るためには地面を200メートル近くも掘る必要があった。それに、ジャングルの湿気と熱は想像を絶するもので、人間が住むには最悪の環境だったのである。

そこで考古学者たちは「ここは民族が祭礼のときだけ集まる宗教施設」だと位置づけた。しかし、その後研究が進むにつれ、人々が農耕作業をしていたと思われる跡地や堀などの防御施設が発掘された。堀があるということはそこに戦争の可能性があったこと、すなわち都市が存在していたことの証明でもある。

だが、ティカルが一つの都市であったことを決定づける、もっと革新的な事柄がのちに現れた。それはマヤ文字の解読である。

マヤ文字が徐々に解読され始めたのはここ30年のことで、世界中の暗号解読者や歴史家が躍起になって取り組んでいた。もちろん、すべてが解読できたわけではないが、彼らの長年の努力の結果、現在では、主たる名詞や動詞、数字をふくめ、ほぼ9割が明らかになっている。

ティカルの石碑にも無数のマヤ文字が刻まれていた。そのほとんどには日付が刻まれており、いつ、どんな事件があったのかが示されていたのである。それにより、王の即位や戦争が起こったときと内容など、あらゆるデータが読み取られ、ティカルの全容がわかり始めたというわけだ。

マヤ文字の解読はティカルのような遺跡だけでなく、マヤ族そのものの全貌を知るのにも大きく貢献することになる。歴史家たちは、各都市の研究は重ねていたものの、マヤの全体像については知る術がまったくなかったからである。

中でも、研究家たちにとって一番の謎だったのは「マヤの滅亡」についてだ。マヤはこれだけ長い間この地にいながら、破壊戦争、飢饉、伝染病など、民族の滅亡にいたる理由がまったくなかったのである。

そこで、ティカルをはじめ、各遺跡に刻まれたマヤ文字をまとめていくと、驚くべき事実が判明した。かつて、中央アメリカに一大文明をもたらしたマヤ族が、忽然と姿を消してしまった謎を解くカギはここにあったのである。

その前に、マヤ族の時間の概念を説明しておく必要がある。マヤ族は古代からきわめて独創的なカレンダーを築き上げていた。これは一般に「マヤ暦」と呼ばれ、そこには数々の複雑な法則があるのだが、大まかに説明するとこうだ。

マヤ族はおもに2つの暦を使用していた。一つは占星術などから編み出したとされる今日と同じ365日暦。もう一つは太陽の周期から導き出した260日暦で、これは太陽暦と呼ばれている。

この暦を2つの歯車のようにして組み合わせたのが「長期暦」と呼ばれるもので、ここから独自の計算法によってはじき出された数字が日付となる。歯車ということからもわかるように、マヤ族は暦を周期性のあるものとして考えていた。すなわち1周したら元に戻るという概念である。

この暦は驚くほど正確で、マヤ族はこの暦と天体観測術を使って太陽や月、金星の動き、さらには日蝕までも過去未来を問わず何世紀にもわたって認識していた。その誤差は、現在の星の動きと1ヵ月でわずか33秒しかないというから並大抵の正確さではない。マヤ族が数学や天文学にたけた優秀な民族だったことは有名だが、よもやこれほどまでとは、驚きを通り越して奇跡という言葉さえ浮かぶ。

そしてしばらくすると、長期暦が発展した形の「短期暦」という暦が生まれる。2つの歯車のうち、260日暦はそのままなのだが、大きな歯車の方が7200日と大きく変わる。これは、やはりマヤ族が独自に算出した日数で、宗教年に関係するともいわれている。

マヤ族にとって暦は現代以上に重要な存在だった。それは一種の星占いのようでもあり、日本でいう大安や仏滅のような概念だったようだ。そのうち、彼らは王の即位、妊娠、さらには市の立つ日までも暦に頼るようになる。そして何より彼らの生活を支配し始めたのは、暦の持つ周期性だった。

そのうちマヤ族は、文明は暦にあわせて滅びゆくものという概念を生み出した。短期暦における7200日と260日の2つの歯車が1周すると、9万3600日＝265年となる。マヤ族はこれを世界の1周期と数え、文明の入れ替わりの年と位置付けたのである。

文明のはじまりから265年経つと、すべてを清算し新たな文明を築く。これがマヤ族がたどり着いた世界観だった。その証拠に、マヤ文明の都市の衰退は265年周期が多い。しかも、この現象は、チチェン・イッツァ、チャカンプトゥンなど、

ティカル国立公園

中央広場を囲む神殿群。

マヤ文明の歴史の中でも後期に繁栄した都市に多く見られる。

そして、マヤ文明最後の都市マヤパンも、265年目にして放棄された。つまりマヤはやむなくして滅亡したのではなく、自らこの地を棄てどこかへ去って行ってしまったのである。「歴史は繰り返す」、ふつうこの言葉は偶発的な出来事に使われる言葉である。だが、マヤ民族は能動的にこの言葉を実践し、最後には一大都市国家を放棄してしまったというわけである。

あれだけの天体観測力を持っていたのだから、マヤは最初、自分たちが時空を支配していると考えていたのかもしれない。それが、皮肉にも自らが割り出したときの流れの呪縛にあってしまった。ここにマヤの悲劇がある。

これらはすべてティカルのマヤ文字の解読を手がかりにわかった事実である。もちろん、ティカル王朝が成立した年代もはっきりと判明した。紀元前219年。これがティカルの真の始まりだったのである。

もう少し暦からわかったことを補足すると、マヤはこの世の終末を西暦2012年12月23日の日曜日だとしている。つまりあと10年ちょっとというわけだ。これを信じるか否かは人それぞれだが、「もしや…」と思えてしまうのも、マヤの壮大な宇宙観のせいかもしれない。

イタリア

ポンペイ、エルコラーノ、トッレ・アヌンツィアータの遺跡

復元された悲劇の街と、「ディオニューソスの秘儀」

文化遺産
1997年

イタリア南部のナポリ湾に面したポンペイは、一年を通じて暖かな陽光に包まれる恵まれた土地だ。かつてこの地に紀元前1世紀から栄えた古代ローマの都市ポンペイは、周辺にトッレ・アヌンツィアータやエルコラーノといった別荘地を従える商業都市だった。

そのポンペイに悲劇が訪れたのはいまから約１９００年前、紀元79年8月24日のことだ。

この日の午後1時頃、いまもナポリの南方に鎮座するヴェスヴィオ山が突然噴火し始めた。ちょうど山の風下にあたるポンペイに火山灰や軽石が降り注いだが、人々は後にやってくる破局をまだ予感していなかったらしい。多くの市民が自宅にこもりながら、噴火が沈まるのを待つことにした。

しかし人々の予想に反して火山灰は一向に減少する気配がなく、日暮れごろには

40センチもの高さまで降り積もった。その重みで屋根が崩れる家が出始めて、ようやく街を脱出する人の姿が見られるようになったという。それからまもなくして、街はついに壊滅的な災害に見舞われる。翌日の明け方、3度に渡って火砕流《かさいりゅう》がポンペイに押し寄せたのだ。

火砕流とは、火山の噴火によって噴出した高温の火山灰や軽石などが高速で流れ出す現象をいう。日本でも１９９１年、長崎県の雲仙・普賢岳の噴火によって発生した火砕流が43人の犠牲者を出した例が記憶に新しいところだ。

ポンペイを襲った火砕流は温度こそ低かったものの、逃げるまもなく街と人々を埋め尽くしたことに変わりはない。室内に留まっていた人も猛毒の火山性ガスで命を落とした。

当時およそ2万人が暮らしていたポンペイで、噴火による死者は約1万６０００人といわれる。そのほぼ全てが、この火砕流の犠牲者だった。時間にしてわずか30分ほどのできごとである。

その後、火砕流は数週間のうちにおよそ20回に渡ってポンペイの街に押し寄せた。こうして古代ローマ帝国有数の都市は、火山灰と火山礫《れき》に埋没したのである。

ポンペイの街が再び地上に姿を現すのは、１５００年近くが過ぎた16世紀末のこと。1592年にポンペイを横切る形で運河が建設されたとき、建物の一部と絵画が発見されたのだ。それからは盗掘まがいの掘り起こしが繰り返され、本格的な発掘が始まるのはようやく19世紀になってのことである。

1861年、最初の発掘調査がイタリア国王ジュゼッペ・フィオレルリ2世の指示により行われた。このとき、はじめてポンペイに眠っていたものの価値に気づいた学者たちは驚愕したという。古代ローマの都市が、そっくりそのまま地下に眠っていたからだ。長年に渡る発掘作業は後継者に引き継がれ、現代では都市の3分の4が地上に現れるまでになった。

発掘されたポンペイの街は、面積約66万平方メートル。その周囲を1辺約2キロの城壁が取り囲んでいる。街の一角には公共広場があり、周りに神殿や市場、役所などが配置されていた。このほか遺跡から見つかった施設は、公衆浴場、体育館、大小2つの劇場、商店、売春宿、豪壮な屋敷をはじめとする住宅、そして収容人員1万数千人の大劇場など。文字どおり都市のすべてが次々と掘り出されている。

中でも有名なのが、民家の代表的存在とされる「ヴェッティの家」だ。ここはかつて、ポンペイの裕福な商人ヴェッティ兄弟が暮らしていた邸宅である。奥へ進むと、列柱を巡らせた庭園が広がっている。庭園を囲む壁などには神話を題材にした装飾が一面に施され、往時の華麗な暮らしを窺わせる。

　こうした遺跡群から浮かび上がるのは、当時この街が優れたインフラ（社会資本）を整備していたことだ。生々しい馬車の轍《わだち》が残る道路はすべて石畳などで鋪装されており、現代と同じく車道と歩道の区別まである。またすべての家々に水道が配備されていたことを窺わせる鉛の水道管まで発見された。

　しかし、ポンペイの遺跡でもっとも特徴的なのは、何より生々しい生活の痕跡がそこかしこに残されていることだ。

　極めて短時間のうちに地中に没したため、あたかも時間が止まったかのように紀元79年8月25日の暮らしが保存されていたのである。たとえばパン屋のかまどからは、焼きたてのパンが見つかった。このほか小銭が放り出されたままの机、選挙の際に書かれたと思われる壁の落書きなど、約１９００年を隔てた古代ローマ人の生活が目の前に迫ってくる。

　そうした出土品の最たる例は、街で暮らしていた人々そのものだ。一瞬のうちに生き埋めとなった彼らの遺骸は骨を残して土に還元されたが、その過程で肉体が土中に占めていた空洞だけが残された。そうした空洞を鋳型に見立てて石膏を流し込むと、死んだポンペイ市民の姿が石膏像となって現れるのである。

ポンペイ

生き埋めとなったポンペイ市民の石膏像。

この方法によって発掘現場から多くのポンペイ市民の像が作り出された。死者の像はどれも、当然のことながら全身に苦悶の表情を浮かべている。学術調査とはいえあまりに痛ましいこの復元作業にあたって、ある考古学者は「悲しみと恐怖と苦痛に耐える勇気が必要だった」と語ったという。

ポンペイからほど近いエルコラーノとトッレ・アヌンツィアータもまた、同じ日の噴火で埋もれた街だ。2つの街は、かつてローマ帝国の高級避暑地として栄えていた。いずれもポンペイよりは小規模だが、洗練された美術品などが見つかっている。

エルコラーノでは、《海神ネプトゥーヌスとアンフィトリテの家》と呼ばれる邸宅から発掘されたモザイク画が有名だ。またトッレ・アヌンツィアータでも、当時の壮麗な城館が発掘されている。

一方ポンペイでは、城壁の外で見つかった《ディオニューソスの秘儀》と呼ばれる壁画が有名だ。この壁画で基調をなす《ポンペイの赤》は、深く鮮やかな色彩でつとに知られている。

約1900年の時を経て陽光の下に蘇ったポンペイ。住む者だけが消えた街の静けさに、訪れる者は心を痛めずにいられない。

トルコ

トロイ遺跡
叙事詩に記された幻の国と「トロイの木馬」をめぐる真相

文化遺産
1998年

紀元前8世紀の古代ギリシャの詩人、ホメロスが書き残した『イリアス』。ヨーロッパ文学史上最古にして最大の叙事詩といわれるこの作品に、いまでは世界中の誰もが知るエピソードが記されている。

『イリアス』によると、かつてエーゲ海のどこかにトロイという国が存在したという。そこへミュケナイの王アガメムノン率いるギリシャ人の軍隊が遠征にやってきた。トロイの王子パリスが絶世の美女と謳《うた》われたスパルタの王妃ヘレネを誘拐し、トロイに連れ去ってしまったためだ。

こうしてヘレネ救出のために全ギリシャを挙げての攻略戦が始められた。しかしトロイの城壁は守りが固く、戦いは一向に進展しない。やがて膠着《こうちゃく》状態のまま10年の歳月が過ぎ、両軍は勇敢な兵士を一人また一人と失っていくばかりだった。

この状態に終止符を打ったのが《トロイの計》だ。ギリシャ側は巨大な木馬を作り上げ、空洞となった内部に大勢の兵士を忍び込ませた。そして戦いの最中にトロイの城壁まで木馬を運ぶと、それを残したまま退却していったのだ。

トロイの兵士は包囲が解かれたと喜び、戦利品として木馬を城内に運び入れてしまう。やがて夜になると、闇に乗じて木馬から躍り出た兵士たちによって火が放たれ、トロイはついに陥落の日を迎えた。

この有名な《トロイの木馬》の物語を史実と信じて、実際に遺跡を探しあてたのが考古学者シュリーマンだ。彼がトロイ発掘を成し遂げたのは1870年。場所はエーゲ海に面したトルコ西部、ヒサルリクの丘である。

しかし調査を続けたところ、さらに大変な事実がわかった。そこでは時代を追って古い都市の上に新しい都市が建設されており、全部で9層もの都市遺跡が1カ所に眠っていたのである。

もっとも古い最下層の第1市が建設されたのは、紀元前3000〜2500年ころ。最も新しい最上層の第9市はそれから3000年近く時代を下った、紀元前85年〜紀元後500年ころのものと判明した。

こうなると新たな問題が浮かび上がる。9つの都市のうちどれが『イリアス』に記されたトロイなのかという謎だ。この問題についてはこれまで定説が二転三転してきた。当のシュリーマンでさえ判断を誤ってしまったほどだ。

9つの都市の中で第2市と第6市は、ほかの年代の都市と比べて遺構の規模が突出している。しかし第6市は、戦争でなく大地震によって崩壊したというのが従来の定説だった。

こうしたことからシュリーマンは第2市こそトロイだと主張したが、後になって紀元前2400～2200年に作られた第2市はトロイよりずっと古い都市であることが判明している。

その後は第7市が最有力候補とされてきたが、最近になって行われた調査の結果がこれを覆した。

大地震で崩壊したと考えられてきた第6市は、実は人間の手で破壊されたことが判明したのだ。第6市は猛烈な火災で消失した後、やぐらや囲壁などの防御施設が人為的にことごとく破壊し尽くされたという。このことにより、第6市こそがトロイであるとの説が認められるようになった。

この第6市、つまりトロイを破壊したのは『イリアス』が伝えるとおり、ギリシャからやってきたミュケナイ人だ。しかし戦争が起こった本当の経緯は、土妃救出というロマンチックな叙事詩とかなり趣を異にしている。

紀元前1250年ころにトロイを襲撃したミュケナイは現在のギリシャ南端、エーゲ海に突き出したペロポネソス半島のさらに南に位置していた。周辺には複数の諸王国が点在しており、ミュケナイはその宗主国として国家連合体を率いていたといわれる。

そうした国々は互いに、複雑な婚姻関係あるいは主従関係によって結びついていた。しかし武力衝突が絶えることはなく、常に近隣国の忠誠を確保しておく必要に迫られていたという。

諸王や貴族たちから忠誠を勝ち得るために最も効果的だったのは、金銀の工芸品、ウマ、そして労働力としての奴隷などだ。そのためミュケナイと周辺の国々は、略奪戦争を繰り返すことでさまざまな富をかき集めていた。ミュケナイがトロイを襲ったのも、そうした略奪行為の一つだったのである。

一方のトロイは、エーゲ海の東西南北を押さえる交通の要衝地として栄えた都市だ。この一帯で紀元前4000年代から一貫した重要な地位を保ってきたと考えられている。ミュケナイとの戦争が起こる紀元前13世紀ころには、トロイは多くの物資が通過する交易都市だったばかりでなく、羊毛、土器、水産加工物、ウマなどの産物でも知られていたという。トロイはこうした品々を小アジアやギリシャなどに

トロイ遺跡

シュリーマンの執念で発掘された遺跡。

売ることで、莫大な富を蓄積していた。

しかしそうした繁栄が知られれば知られるほど、当然ながら略奪の的とされる危険性も増す。そこでトロイは、富の大部分を都市の防御に注ぎ込んだ。その代表的存在は都市全体を囲う囲壁である。

囲壁は周囲525メートル、基底部では厚さが4～5メートルにも達する。単純に都市を囲むだけでなく、複雑な屈曲を持たせることで多角的な応戦が可能となるよう工夫されていたようだ。

しかし堅牢な囲壁や城壁はミュケナイとの戦いを長引かせたにもかかわらず、結局は攻め落とされてしまう。かつての宮殿も、現在ではわずかな痕跡を留めているに過ぎない。

その激戦を決したとされる《トロイの木馬》。現代のトロイでは巨大な木馬のディスプレイが観光客を出迎えているが、結論からいえば『イリアス』の描写はフィクションだ。

しかし、まったくの創作とは言い切れないのも事実である。というのもミュケナイがトロイを破壊するために使用した武器の中には、ウマの形を模した木製の道具があったと伝えられているからだ。

トルコ

ハットゥシャ
消えたヒッタイト人と、粘土板に刻まれた謎の痕跡

文化遺産
1986年

『旧約聖書』に登場するさまざまな民族の中に《ヘテ人》と呼ばれる人々がいる。たとえば「創世記」第23章では、イスラエルの民の祖アブラハムがヘブロンに墓地を作るためヘテ人と土地売買の契約を交わしたとされている。いまもキリスト教がヘブロンを聖地の一つとしているのは、この契約に由来するものだ。

ヘテ人はまた「ハッティ」と名を変えて、エジプトの碑文に登場する。それによると、紀元前14～13世紀の王ラムセス2世が「卑劣で哀れなハッティ」を戦いで破ったのだそうだ。

しかし、ラムセス2世は後に「ハッティ」と対等の立場で平和条約を交わしたことも伝えられている。「卑劣で哀れ」な民族を一方的に負かしたという記述は、どうやら自画自賛によるねつ造らしい。

しかしヘテ人、あるいはハッティが文献に姿を見せるのはここまでだ。後に歴史

家からヒッタイト人と呼ばれるようになった彼らは、エジプトと対等に渡り合えるほどの強国を有したものと考えられた。ところがヒッタイト人とその王国はその後約3000年の足取りがまったくつかめず、長く伝説の域から出なかったのである。

ところが19世紀初頭、不思議な人物が謎に包まれたヒッタイト人の手がかりをもたらした。その人物とはアラブ系遊牧民ベドウィンの族長、イブラヒムだ。

彼は本名をヨハン・ルードヴィッヒ・ブルックハルトといい、もとは著名な学者や歴史家を輩出したスイスの名門貴族の生まれである。ベドウィンの族長となった後もアラビア人学者を驚かせるほどの博識で名を知られ、1817年に没した後にはその遺稿がケンブリッジ大学出版局から世に出されることになった。

『シリアと聖地の旅』と題されたその本の中で、ブルックハルトはシリアの街ハマーで見た奇妙な石について触れている。その石には、エジプトの文字とまったく異なった見たこともない象形文字が刻まれていたという。19世紀末になってイギリス人学者がそれをヒッタイト文字とする説を発表したが、このときは受け入れられなかった。

それからまもなく、今度はエジプトでヒッタイトとエジプトとの関係を記した粘土板が数多く発見される。そこに記されていたのは、夭折したツタンカーメン王の

ハットゥシャ

ハットゥシャ遺跡ボアスカレにある「ライオン門」。

未亡人がヒッタイトの王子に結婚を申し込んだという記録だ。

新しく見つかったヒッタイトにまつわる文献が、歴史家たちを喜ばせたのはいうまでもない。しかしそこにはまた、新たな謎を突きつける意味不明の文書も含まれていた。

そもそも粘土板の解読が可能だったのは、すでに知られていたアッカド語をメソポタミアの楔形文字《くさびがたもじ》で書いたものだったからだ。ところが2つの文書だけは、文字は同じだが記されている言語は全く未知のものだったのである。

20世紀になって、これらの謎はドイツ人考古学者フーゴー・ビンクラーにより紡《つむ》がれていく。そのきっかけは、彼が各地から収集した出土品の中にエジプトのものと同じ未知の言語で書かれた粘土板を発見したことだ。

その粘土板はエジプトではなく、トルコ北部のアナトリア高原で見つかったものである。そこには当時まだどの文明のものか結論が出ていない、巨大な都市の遺跡があった。

遺跡へ赴いたビンクラーが調査を開始すると、問題の言語で書かれた粘土板が次々と無数に掘り出された。その膨大なサンプルとメソポタミアの楔形文字を手がかりに、彼は断片的な単語を繋ぎ合わせることに成功する。するとそれは、エジプトのラムセス2世からヒッタイトの王に宛てた平和条約の批准書《ひじゅん》だったのだ。

このビンクラーの調査によって、アッシリア高原の遺跡がヒッタイトの首都ハットゥシャであることが明らかになった。約3000年もの間、旧約聖書と碑文でしか知られなかった王国がついに姿を現したわけだ。またブルックハルトが見たという象形文字の粘土板も見つかり、それをヒッタイトのものとする説も証明された。

やがてビンクラーは2度目の発掘を終えた1913年に他界。その後を継いだドイツのオリエント学会は粘土板のさらなる調査のため、考古学者ベドリッヒ・フロズニをトルコへ派遣した。

粘土板と向き合ったフロズニは、2年の歳月をかけて解読に成功する。しかし同時に彼は、意外な結論も発表した。ヒッタイト語はヨーロッパ諸国の言語とルーツを同じくするインド・ヨーロッパ語族に含まれるというのだ。

ちなみにイランを除くエジプトやシリアなど中東諸国が公用語とするアフビア語はセム・ハム語族、またトルコ語はアルタイ語族に含まれる。つまりインド・ヨーロッパ語族は、どちらとも系統がまったく異なるのである。

フロズニが調査を終えた後、今度はブルックハルトの象形文字の解読が進められた。その結果、問題の象形文字はヒッタイトに王国ができる以前から使われてきた古い言語であることが判明している。この言語は後に《古ハッティ語》あるいは《象形文字ヒッタイト語》と呼ばれるようになった。

こうしたいくつもの発見によって、謎に包まれたヒッタイト王国の歴史が徐々に明らかになっている。

最初にアナトリア高原で暮らしていたのは、古ハッティ語を話す先住民だった。紀元前2300年ごろ、そこへ北方出身のインド・ヨーロッパ語族の一団が侵入を始める。やがて紀元前1800年ごろ、侵入者によってアナトリア高原は征服され、統一国家ヒッタイト王国が誕生した。

王国は次第に勢力範囲を拡げ、紀元前1400年ごろにはついにエジプトと国境を接するまでになる。そうしてエジプトとの戦いを繰り広げた後、ラムセス2世との平和条約へと至るのである。

ヒッタイトが強国となり得た理由は、先住民から製鉄の技術を継承したためだ。やがて錆《さ》びにくい鍛鉄《たんてつ》をいち早く発明し、戦車をはじめとする兵器に投入した。このため強大なエジプトに対してもひけを取らなかったのだろうといわれている。

そうした軍事力と富を背景に、王都ハットゥシャは壮大な城塞として建設された。遺跡には二重になった全長約8キロの城壁や、敵を奇襲するためのトンネルまで設けられている。また、城壁の約2キロ北東にある岩壁の割れ目を利用した神殿には、独特なヒッタイト様式で描かれた壮大なレリーフがいまも健在だ。

強大な軍事力を誇ったヒッタイトも、やがて紀元前1200年ころに滅亡する。《海の民》と呼ばれる武装難民集団に襲われたと伝えられているが、その正体についてはいまだに定説がない。

いずれにせよその滅亡は、近隣の文明に大きな恩恵をもたらした。国家機密とされていた製鉄技術が広められたからだ。彼らの技術は兵器だけでなく農具にも利用され、人々の生活に大きく貢献したといわれている。

第2章
浮かび上がる奇跡の建築物

メキシコ

古代都市テオティワカン
発見された2つのピラミッドに隠された暗号

文化遺産
1987年

メキシコの遺跡を語るうえでテオティワカンを欠かすことはできない。なぜならテオティワカンは数多い遺跡の中でも、規模、重要性ともに群を抜く代表的な都市だからだ。マヤ先古典期のメキシコにおける本格文明の発祥地といってもいい。

メキシコのちょうど真ん中の小さな盆地に都市が栄えたのは、紀元前500年から紀元後700年ころまでだと見られている。とくに紀元後200年あたりから勢力は拡大していき、その巨大な都市の文明は周囲の土地はもちろん、後のマヤやアステカなどの文明にも大きく影響していったほどだ。

これだけ長期に渡って成長した都市だが、実は遺跡の全容解明は半分にも至らない。それは、20平方キロメートルにも渡る広い都市域のせいだけでなく、テオティワカンそのものが、後の古代人にとって幻のような伝説的存在だったからである。

つまりこの都市にまつわる話は、まるで夢物語のように語り継がれてきたというわけだ。

テオティワカンは都市の崩壊後、3度にわたって第三者の目に触れることになる。1度目に発見したのは、アステカ人だった。彼らはこの巨大都市に衝撃を受け、聖地として利用したのだが、それは都市の崩壊から600年も経ってからのことだ。巨人（偉大なる人々）が創成した街だと信じて疑わなかった彼らは、ここを「神々の集う場所」という意味を持つテオティワカンと名づけた。つまり、この遺跡の命名者はアステカ人なのだ。

2度目に発見したのは白い侵略者、スペイン人たちだ。だが、彼らはこの遺跡に興味は持ったものの、存在の意味が理解できず遺跡はそのまま放置された。これが16世紀のことである。

3度目に発見したのは、19世紀中ごろに訪れた考古学者だった。マヤの足跡をたどってやって来た彼らによって、テオティワカンは1000年以上の歳月を超え、ようやく人々の目に触れたのである。

遺跡の中でもとくに考古学者の目を釘付けにしたのは、「太陽のピラミッド」と「月のピラミッド」と呼ばれる2つのピラミッドだ。ピラミッドといえば、ギザのピラミッドに代表されるエジプトのそれが有名だが、実はメキシコの古代遺跡にも多数存在する。だが、形状はエジプトのものとは少し異なり、存在意義も違っていたようだ。

しっかりした都市計画に基づいて建設された街の建造物は、すべてが一定の方角を向いている。真北から東へ15度25分。南北の主軸には約5キロメートルにもおよぶ「死者の大通り」と呼ばれる道路が通っており、北に高さ35メートルの「月のピラミッド」、東に高さ63メートルの「太陽のピラミッド」がある。

テオティワカンの建造物は、ほとんどがタルー・タブレロと呼ばれる独特の様式で造られているのだが、ピラミッドはそれと異なっているため、かなり初期の建造物ではないかと考えられている。

傾斜した壁で造られたピラミッドには、頂上まで登れるよう階段が通っている。いくつもの台形が雛壇《ひなだん》状に重なっているせいか、エジプトのピラミッドに比べると安定感があり、やや現代的な雰囲気がある。

「太陽のピラミッド」の方には、古代テオティワカン人の知恵が注がれている。夏至の日の太陽はこのピラミッドの正面中央の真向かいに沈み、太陽の軌道は「死者の大通り」と直角に交わるようにできているのだ。

一方「月のピラミッド」は「太陽のピラミッド」より低いのだが、盆地は北側の

古代都市テオティワカン

神々の集う場所、テオティワカン。

方が少し高く、南へ向かって傾斜しているため、頂上の高さはほとんど同じように見えるように造られている。

最初アステカ人がピラミッドを発見したとき、やはりエジプトのピラミッドのように王の墓だと思ったという。彼らがそう誤解したのも無理はない。「太陽のピラミッド」の地下部分には洞窟への入口があり、奥には6つの小部屋が作られていたのだ。

だが、いまのところこのピラミッドは墓の類ではないとする見方が有力だ。その理由の一つは、ここから死者にまつわる遺物が見つかった記録がないこと。そして、もう一つの理由として、テオティワカンでは、死者の埋葬は各住居の床下に胡坐《あぐら》をかかせた状態で行うのが一般的だったからだ。

この小部屋の正確な目的は判明していない。ただ、メソアメリカで洞窟にまつわる神話や伝説が多いことから、神聖な場所だったことは間違いないようだ。

その証拠に、この洞窟はピラミッド建築以前から存在し、雨の神を奉っていたという。テオティワカン人が熱心に行っていた「雨の神信仰」だ。

このあたりは比較的雨が少なく、古代メキシコ人たちのほとんどが雨の恵みを神に祈っていた。とりわけテオティワカン人の宇宙観では、雨や水は重要視され、聖なるものとみなされた。

テオティワカンには、複数の神がいるとされていた。代表的なのは遺跡にも石像が残る、羽毛をつけた蛇を表すケツァルコアトルと呼ばれる風の神だ。ほかにも火の神、春の神などがいたが、それらすべてを司っていたのは最高神、トラロクだ。トラロクは「水を湧き出させるもの」「長い洞窟」という意味を持っている。

つまり、2つのピラミッドはトラロク神の象徴だったのではないだろうか。雨の神なのに、なぜ「太陽」や「月」という名前がついているのか不思議に思うだろうが、この名称は3度目に発見された後に、現代人がつけたものだ。

ちなみに「死者の大通り」という名前をつけたのは、2度目の発見者、アステカ人である。おそらくピラミッドを墓だと思ってのことだろうが、これによって2つのピラミッドは、真実とはゆがめられたイメージを持つこととなり、長い間、真の存在意義を封印されていたことになる。

このように、さまざまな時代で各所の名前がつけられたことで、テオティワカンの真相はなお見えにくくなっている。そこにはまったく予想外の真実が隠されているかもしれない。だが、2000年あまりの歳月が流れたいまとなっては、それを知る術はない。

日本

桓武天皇が恐れた「魔」の正体と古都のミステリー

古都京都の文化財

文化遺産
1994年

日本を代表する古都といえば、やはり京都だろう。平安時代に始まり、鎌倉、室町、安土桃山、そして江戸と、長きに渡って築き上げられた都は、いまなお名刹《めいさつ》古刹の数々で人々の興味をかきたてる。

文化遺産は、約3000を数える神社仏閣および2000以上の文化財の中から厳選され、そのエリアは京都を越え近隣の宇治市や滋賀の大津市にまでおよんでいる。いずれ劣らぬ名所・古刹で、誰もが一度は耳にし、目にしたであろう場所ばかりだ。

登録されている遺産は、賀茂別雷《かもわけいかずち》神社（上賀茂《かみがも》神社）、教王護国寺《きょうおうごこくじ》（東寺《とうじ》）、比叡《ひえい》山延暦寺《ざんえんりゃくじ》、仁和寺《にんなじ》、宇治上《うじかみ》神社、西芳寺《さいほうじ》（苔寺《こけでら》）、鹿苑寺《ろくおんじ》（金閣寺《きんかくじ》）、竜安寺《りょうあんじ》、二条《にじょう》城《じょう》、賀茂御祖《かもみおや》神社（下鴨《しもがも》神社）、清水寺《きよみずでら》、醍醐寺《だいごじ》、平等院《びょうどういん》、高山寺《こうざんじ》、天竜寺《てんりゅうじ》、慈照寺《じしょうじ》（銀閣寺《ぎんかくじ》）、西本願寺《にしほんがんじ》の全17件。

だが、ほかにも歴史的、建築的に重要な物件が多数あるため、今後、登録の件数が増加するべく期待されている。

つまり京都は、都を形成するあらゆる建築群と歴史的背景が総体的に評価されるべきであるということだ。

古都京都のはじまりはいうまでもなく平安京である。それまで都を置いていた奈良の平城京から、時の桓武《かんむ》天皇が現在の京都へと遷都し、将軍・坂上田村麻呂《さかのうえのたむらまろ》らを率い一大都市を築き上げたのである。その業績は軍事面のみならず、空海《くうかい》や最澄《さいちょう》らによる新教などにも積極的に力を入れ、新たな寺を開基させたりと、文化的・社会的にも大きな影響をおよぼしていった。

京都は幾多の戦火をくぐりぬけ数世紀に渡り発展してきているが、世界遺産に登録されている物件には平安京以降に建築されたものもある。

たとえば金閣寺、銀閣寺などは、足利義満《あしかがよしみつ》・義政《よしまさ》が没した後に建てられた室町時代の建築物であるし、西本願寺の美しい書院や庭園は安土桃山時代に確立されたものである。

二条城に至っては、室町後期から江戸初期にかけて徳川家康《とくがわいえやす》によって築城され、慶喜《よしのぶ》の大政奉還の場にもなった城だ。

一方、清水寺や教王護国寺、上賀茂神社、下鴨神社、そして比叡山延暦寺などは、平安京遷都時に建てられたものである。そこで、まず注目したいのは、これらを含む社寺の数々が、本来の寺や神社の役割を超えたある重要な意味を持っているということである。

京都といえば、美しい碁盤《ごばん》の目のような街並みが印象的だ。そこには京都御所を中心に、東西南北とあらゆる方向に数多くの社寺が散らばっている。だが、これらはけっして無造作に建てられたものではない。きちんとした方位術に基づいて建てられているのである。すなわち「風水《ふうすい》」である。

平安京遷都を成し遂げた桓武天皇ではあったが、過去の日本における遷都は、国家的な大事業であるとともに、常に血生ぐさい事件もつきまとっていた。裏切りや陰謀、そして暗殺の繰り返しだ。そこで、どの時代にも都を設計するにあたっては風水が重要視されていたという。

風水において、もっとも恐れられるものは「鬼門《きもん》」である。そこで桓武天皇は鬼門に多数の寺を配置し、悪魔の進入を阻もうとしたのである。

風水で鬼門は北東の方角にあたる。京都でいえば滋賀方面ということになるわけで、実際、京都御所から北東方面には、上賀茂神社、下鴨神社、そして比叡山延暦

清水寺

古都、京都を代表する清水寺。

寺などを配している。

また、鬼門の反対の方角は「裏鬼門」となるため、南西方向にも寺が置かれた。そして、これらの寺にはすべて悪魔を封印するべく、お札や仁王像、神像など何らかの形で守護を意味するアイテムが置かれているのである。

さらに、鬼門と裏鬼門の対角線上も、風水上では良いとされない方角だ。慎重を期した桓武天皇は、ここにも新たに寺や神社を建築した。こうしたことを繰り返しているうちに、京都は社寺だらけになったというわけである。

あらゆる手をつくし、魔の立ち入りを封じた平安京ではあったが、それでもやはり風水では抑えられないミステリーが数多く潜んでいた。

たとえば、桓武天皇が北の守り神として奉った貴船《きぶね》神社。位置的には上賀茂神社のさらに北側で、いわゆる洛北地域を代表する神社だ。

ここは平安京ができる以前から、すでに航海安全の神様を祀る神社として存在していた。それがこうじて水の守り神となっていくのだが、あるときから恐ろしい丑《うし》の刻参りの神社としても知られるようになる。

丑の刻参りとは、丑三つ時（午前2時）にわら人形を憎い相手に見立て、呪いながら五寸釘で木に打ちつけるというもの。これを七夜連続して行うと、相手は苦しみながら呪い殺されてしまうというのだ。

始まりは、水の神の激しさが女性の嫉妬に狂う怨念に結びつけられたというものだが、いまでも時折、神社の杉の木にはわら人形が打ちつけられていることもあるとか。こればかりは、桓武天皇とて風水では対処しきれなかったことだろう。というより、鬼門を封じるための神社が呪いの神社では、どうにもならない。現在は「雨乞い」と「恋愛成就」の神として崇められている。

また、鬼門などの魔除《よ》けを設けたのは神社だけではなかったという話もある。

御所から見て、同じく鬼門の方角に一条戻橋《いちじょうもどりばし》という橋がある。現在の上京区にかかる小さな橋なのだが、ここはかねてより、鬼女が出没するという不気味な言い伝えがあるのだ。

戻橋という名前は、平安初期に行われたある文士の葬列の最中、死者が突然息を吹き返したという話に由来している。つまり、死者があの世から戻ってきたため、「戻橋」と呼ばれているのだが、鬼が出没し始めたのはこの後からだ。

一人の剣士がある美女を送って、この橋を歩いていた。すると突然、美女の顔は耳まで口が裂けた鬼へと変わっていた。正体がばれた鬼女は、剣士を山へ連れ去ろうとするが、その際、剣士の刀で片腕を切られてしまう。そのときはいったん姿を消した鬼女だったが、のちに剣士の前に化けて現れ、切られた片腕を奪い返しにきたという。

京都には寺や神社だけでなく、建物の屋根、門、通路など至るところに、護符や魔除けが置かれているにもかかわらず、ほかにも、鬼が現れたとされる場所は多数点在する。

川べり、街なか、そして果ては御所内までも。よほど鬼の入りこみやすい場所だったのか、はたまた魔の標的となる理由があったのか。

その理由を桓武天皇が知っていたか否かは定かではないが、実は桓武天皇が究極の魔封じを施していた場所がある。それは、鬼門の最終砦ともいうべき比叡山延暦寺だ。

延暦寺は最澄が開祖した天台宗の総本山だが、これを命じたのは桓武天皇だったといわれている。当初は、嫌悪していた奈良の仏教を一掃する目的で、密教の修行をしていた最澄に開祖を命じたのだったが、ほかにもう一つ重大な役割があった。それは、都に害をおよぼす魔を鎮圧するというものである。

そこで、最澄は比叡山の4つの箇所に魔を封じこめた。現在の奥比叡ドライブウェイが通る途中の西塔《さいとう》にある「狩籠《かりごめ》の丘」、延暦寺の東側の東塔《とうとう》に位置する「天梯権《てんだいごん》現祠《げんぽこら》」、横川《よかわ》にある「元三大師御廟《がんざんだいしみみょう》」、飯室谷《いいむろだに》にある「慈忍和尚廟《じにんかしょうびょう》」である。

これらは「比叡山四大魔所」として、いまなお延暦寺の僧侶たちに語り継がれ、そして恐れられているミステリースポットである。魑魅魍魎《ちみもうりょう》を封じ込めたとか、天狗の住家《すみか》になっているとか、それぞれに意味があるのだが、不用意に立ち入ると恐ろしい祟りがあるなどとされ、現在でも決して人が近づくことはない。

だが、鬼門そのものは方角を指しているため、何も比叡山が北東の最終地というわけではない。京都から見て北東の方角は、さらにどこまでも延びているのである。そこで桓武天皇はどうしたか。なんと、陸奥《みちのく》、つまり現在の東北地方にまで鬼の通り道を寸断したのである。

その命を受けたのは、天皇の片腕ともいえる坂上田村麻呂である。陸奥遠征を実行した田村麻呂は、青森に重要な7つの神社を、そして岩手や宮城などに実に30以上の寺を建築した。

ここまでくると、さすがの鬼もお手上げとなりそうなものだが、京都の占い怪談の多さからすると、けっしてそうでもなかったらしい。

こうなると、いったい何ゆえに京都がここまで魔にとりつかれたのか、そして桓武天皇が本当は何を恐れていたのか、想像は果てしなくめぐるばかりである。

ギリシャ

サモス島のピタゴリオンとヘラ神殿

未完成のまま放置された謎の神殿と地下トンネル

文化遺産
1992年

地中海の上方から突き出したギリシャとトルコが形作るエーゲ海。その出口あたり、トルコの先端にほど近いところにサモス島は浮かんでいる。ここは「三平方の定理」を考案した紀元前6世紀の数学者、ピタゴラスの生誕地として知られる島だ。この歴史的偉人を讃えるため、ギリシャ時代の遺跡が多く見つかっている地域が1955年にピタゴリオンと名づけられた。

このピタゴリオンから西へ6キロメートルほど離れた遺跡に、1本の石柱がひっそりと立っている。いくつもの平べったい円柱を積み上げた構造だが、部分部分で右に左にずれていまにも崩れ落ちそうな気配だ。

しかし一見取るに足らないこの柱には、驚くべき秘密が隠されている。実はこれこそ、ギリシャ史上最大級と伝えられる未完の神殿の一部分なのだ。

サモス島に人が住み始めたのは、紀元前3000年以前のことといわれている。

その後各地から移住者が訪れ、さまざまな文化を持ち込んだ。そのうちの一つが大女神ヘラの信仰だ。サモス島のヘラ信仰はミケーネ文明時代の「木の女神」信仰と融合し、神木の下で生まれたヘラがゼウスと結婚するという伝説も残している。

そうした信仰を背景に、サモス島では幾度となくヘラ神殿が祀られてきた。はじめて神殿が作られたのは、紀元前8世紀のことだ。この神殿は正面6・5メートル、側面32・86メートルという極端に細長い建築だったらしい。

しかしこの神殿は紀元前7世紀に水害で崩壊してしまい、跡地に新たな神殿が作られることになった。2番目の神殿は、基壇のサイズが11・7メートル×37・7メートル。この基壇を取り囲むように、計44本の円柱が設けられたと考えられている。やがて紀元前6世紀を迎えると、再び神殿の改築が行われた。3番目の神殿は基壇が52・5メートル×105メートルと、それまでになく巨大なものだ。さらに神殿の内外には計134本もの円柱が立ち並んだという。そのためサモス島を訪れた人から「迷宮」と呼ばれたことも伝えられている。

ところが3番目の神殿も建設から約30年後、戦火に見舞われて崩壊してしまった。そこで、いっそう巨大な神殿の建設が再び始められる。この4番目の神殿は、基壇の大きさが55・16メートル×112・2メートル。そこに計123本のイオニア式円柱が建てられる計画だったという。結局は未完のままとなってしまったが、もし完成していればパルテノン神殿を凌《しの》いでギリシャ建築史上最大級の神殿になっただろうと考えられている。

4番目の神殿を途方もなく巨大なものにしようと考えたのは、当時サモス島を治めていたポリュクラテスだ。彼は古代ギリシャの諸都市に見られた僭主《せんしゅ》たち、つまり強引な手法で権力を勝ち取った支配者の一人である。ポリュクラテスは当時「赤船」の呼び名で知られた船を駆って、エーゲ海近辺で略奪に明け暮れていた。そのためサモス島には莫大な富が集められたが、一方で彼は古代ギリシャで最も冷酷な僭主の一人として名を残している。

ポリュクラテスは自らの権勢を誇示するかのように、壮大な建築群をサモス島に作らせた。近年の発掘調査で見つかった宮殿の跡もその一つだ。この宮殿は、クレタ島の宮殿に匹敵する規模と華麗さを誇っていたと考えられている。

しかしヘラ神殿の場合は、あまりの壮大さが逆に災いしてしまったらしい。建設工事は紀元前3世紀に入るまで約250年間におよんだ末、完成を見る前に都市国家の衰退が始まったのだ。そのため神殿はやがて未完のままサモス島に放置されるようになった。さらに時代が下った4世紀、サモス島に侵入したゲルマン人は異教

サモス島のピタゴリオンとヘラ神殿

未完に終わったギリシャ史上最大級の神殿ピタゴリオンとヘラ神殿。

徒の建築物を徹底的に破壊してしまう。こうしてギリシャ史上最大級の神殿は人々の記憶から忘れ去られ、歴史の中に消えていった。

最後のヘラ神殿の建設が始まったのと同じころ、サモス島にはもう一つの希有《けう》な建造物が作られている。それは全長1350メートルにおよぶ地下トンネルだ。

トンネルを作った目的は信仰と関係のない実用的な用途、つまり飲料水を供給するためである。そのため島の一方の端にある泉からもう一方の端に建てられた劇場の真下まで、延々とトンネルが掘り進められた。現代でもけっして容易でない工事だが、さらに驚くべきことが伝えられている。

トンネル工事は山の両端から掘り進められ、2つのトンネルが繋がったときにはわずか数10センチのずれしか生じていなかったというのだ。その技術の高さは、紀元前5世紀の歴史家ヘロドトスにとっても驚異だったらしい。彼は著書『歴史』の中で、「三大不思議」の1つとしてサモス島のトンネルを挙げている。

しかし大規模な建設工事の数々は、結果的に住民を圧迫するのが常だ。ポリュクラテスもその代償として貴族階級に重税を課したため、多くの貴族がイタリアへと逃れていった。ほかでもないピタゴラスもそのうちの一人だ。こうしてサモス島は、徐々に衰退の道をたどり始めるのである。

スイス

ミュスタイルの聖ヨハネベネディクト会修道院

壁の下から現れた1000年前のフレスコ画に描かれていたもの

文化遺産
1983年

ヨーロッパを南北に隔てるように屹立《きつりつ》するアルプス山脈。旅行者たちは古くからアルプスを越える抜け道を探して、南北の交通路を確立していった。

イタリアとの国境にほど近いスイス東部にあるオーフェン峠も、古くから知られたアルプス越えルートの一つだ。標高2149メートルの峠を越えて下りにさしかかると、山間に開けた静かな渓谷が見えてくる。

その谷間に広がる村の中でひときわ目立つ塔を備えた建物が、ミュスタイルの修道院である。

ミュスタイルとは、いまもこの地方で使われるロマンシュ語で修道院を意味する。谷間に修道院が建てられた後、周辺の村々、そして渓谷一帯を指してミュスタイルと呼ばれるようになった。

しかしその由緒正しい歴史に反して、修道院自体は外から見る限りとくに目立つたところはない。

それどころかお世辞にも均整が取れているとはいい難く、ちぐはぐな増改築を繰り返したことが一目でわかるほどだ。

ところが今世紀になって、ミュスタイルの修道院はきわめて重要な文化遺産として世界的に注目を集めることになった。

というのは、聖堂の壁の下から、9世紀に描かれた壮大なフレスコ画が偶然見つかったからである。

修道院の歴史は古く、創建は8世紀にさかのぼる。当時は外界から隔絶されていたこの地に修道院を建てさせたのは、後に西ローマ皇帝となるカロリング朝のフランク王カール大帝だ。

そのため現在でも、聖堂の中央礼拝には等身大のカール大帝の彫像を見ることができる。

大帝が修道院の建設を命じた理由は、信仰心だけによるものではなかった。アルプス山脈を越えてイタリアに進出するための交通路を確保するという、軍事的な目的も兼ねていたのだ。そのため修道院は、当初から宿泊施設としての役割を担っていた。

ミュスタイルの聖ヨハネベネディクト会修道院

現存する最古の「最後の審判」が描かれている。

また軍隊だけでなく、アルプスを越えて南の司教区に向かう聖職者たちにとっても修道院は暖かい宿を提供してくれる貴重な存在だったという。創建当初、そうした人々をもてなしていたのは男性の修道士だった。

しかし12世紀以降は女子修道院に改められている。当時この村を襲った大火のせいで修道士が去ってしまったためともいわれるが、真相は不明のままだ。

このミュスタイルの修道院で、最初に重要な発見がなされたのは1894年。2人の学者が、16世紀につけ加えられた天井を調査していたときのことだ。天井裏を調べていた2人はそこで、旧約聖書の物語を描いた古いフレスコ画に遭遇したのである。

この発見に基づいて、第2次世界大戦後の1947年から51年にかけて綿密な調査が行われた。

その結果、聖堂内壁を覆った19世紀の壁画の下に9世紀初頭カロリング朝時代の壁画が隠されていたことがわかったのだ。しかもその壁画は、聖堂内を一面に覆い尽くすほど壮大なスケールで描かれていた。これは9世紀に描かれた壁画としては、きわめて異例のことである。

壁画は赤を基調としており、ほかに黄、赤褐色、紫、青などの顔料が用いられている。残念ながら現代では変色が進んでいるため色彩感に乏しい印象だが、描かれた当時はかなり鮮やかだったようだ。

そのモチーフとなっているのは、旧約聖書の物語とキリストの生涯である。全部で82の場面からなる物語は、まず聖堂内部の側面、南壁から北壁の順に沿って始まっている。

続いて東側の祭壇の上方にキリストの昇天が描かれ、壁画は天井へと描き進められていくのである。

そして天井づたいに西側の壁まで到達したところでキリストの再降臨、つまり「最後の審判」が描かれるという仕組みだ。これは「最後の審判」を描いた壁画の中で、現存する世界最古のものともいわれている。

東壁の祭壇では、12世紀に描かれた壁画も発見された。これは9世紀の壁画の上にそっくり同じ題材を描き直したもので、殉教した聖人たちの生涯がテーマだ。中でも目を惹くのは、オスカー・ワイルドの戯曲でも知られる預言者ヨハネの物語である。

踊りの褒美《ほうび》を受け取ることになったユダヤ王ヘロデの娘サロメはヨハネの首を所望し、ヘロデはその言葉どおりヨハネの首をサロメに送り届けたという悲劇だ。

壁画はこの物語どおり、切断され盆の上に載せられたヨハネの首を生々しいタッチで描いている。

修道院は11世紀と15世紀に増築が行われて、現在の姿となった。女子修道院となってからは現在までその伝統がたしかに引き継がれ、いまも十数人の修道女がそこで暮らしている。

彼女たちの暮らしは「祈り、働け」という聖ベネディクト会の戒律に従い、畑仕事と日に7回の祈りに明け暮れるつましいものだ。

そんな修道女たちにとって壁画が姿を現したことは、まさしく神の啓示のようなできごとだったに違いない。

9世紀の壁画は人々を驚かせたが、ミュスタイルの村人にとって壁画そのものは馴染み深い存在だった。

というのもこの村では、どの家も白い壁にフレスコ画を描く習慣が昔から根づいているからである。こうした習慣は、修道院から庶民に技術が伝えられることで広まったという。

約1000年に渡って眠り続けていたカロリング朝時代の壁画は、その一方で村人の生活にたしかな足跡を残していたようだ。

日本

厳島神社
「神が宿る島」のいまだ解けざる7つの不思議

文化遺産
1996年

厳島《いつくしま》神社は、松島、天橋立と並ぶ日本三景の一つに挙げられる安芸《あき》の宮島にある。広島県の西方、瀬戸内海を臨《のぞ》む小さな島には数々の歴史的建造物が建っており、島全体が遺産だといってもいいほどだ。

というのも、遺産の対象となっているのは、厳島神社の本社本殿、拝殿《はいでん》、幣殿《へいでん》など17棟のほか、大鳥居、五重塔、千畳閣《せんじょうかく》を擁する建造物群、さらには、前面の海、背面の弥山《みせん》と、島を形成するすべての要素を含んでいるからだ。とくに厳島神社は国宝にも指定されている平安建築様式の重要な文化財である。

神社の創建は古く、推古元年（593年）に空海が弥山に開祖したのが始まりだと伝えられている。だが、本格的な社殿が築かれたのは平安時代末期の1162年のことで、平家一門の棟梁《とうりょう》として全盛をきわめた平清盛《たいらのきよもり》が、当時盛んだった中国・宋との海上貿易を祈願する場としてここを選んだ。その後、2度の焼失を経て12

41年に再建。現在の様式はほとんどがそのころのものである。

ゆかりのある歴史上の人物も多く、空海や平清盛にはじまり、神楽《かぐら》料を奉納した源頼朝《みなもとのよりとも》や、たびたび参拝に訪れた足利義満、そして、本殿の改築に着手し宮島を深く崇拝していたという毛利元就《もうりもとなり》、千畳閣を発願した豊臣秀吉《とよとみひでよし》と、宮島はまさに戦国絵巻には欠かせない重要な土地だったのである。

古くは伊都岐島神《いつきしまみこと》、市杵島姫命《いちきしまひめのみこと》を祀っており、厳島という名前もここからつけられた。昔から宮島は神が宿る島といわれているのだが、そのせいか、宮島界隈にはミステリアスな逸話が多い。驚くことにそれは「宮島の七不思議」と呼ばれ、いまでもまことしやかにささやかれているのだという。では、その七不思議とはいったいどういうものなのだろうか。一つひとつ、ひも解いてみることにする。

1「蓬莱《ほうらい》の岩」　宮島港の東側に蓬莱岩と呼ばれる岬があり、波の穏やかな春先になると、決まって岩向こうから霞が立ち始める。そして、宮殿楼閣のようなものがぼんやりと浮かび上がっては消える現象が起こるという。現在では蜃気楼の一種として説明がつくが、昔の人々は奇妙な光景としてこの不思議な現象を古書に記していたらしい。

2「神馬《しんめ》」　その昔、神の島である宮島にいた馬はすべて白馬だったが、ときが経つにつれ茶色の馬も入ってくるようになった。だが、そのうちの何頭かは何の手も施していないのに、自然と白い馬に変わっていったのだという。当時島民のあいだでは、その馬が「神馬（神のつかいの馬）」だと信じられ、いまなお語り継がれている。

3「天狗のあしあと」　神殿の左側の屋根に雪が降ると、決まって大きな足跡がつくという奇怪な現象の伝説。研究家によれば、積もった雪に鳥が足跡をつけ、その後足跡の回りが溶けて大きくなったのを、昔の人が「天狗のあしあと」だと思い込んだのではないかと考えられているが、真相は定かではない。ただ、空から天狗が舞い降りたと思っていた古人のおののきは想像以上だったはずだ。

4「神烏《おがらす》」　宮島では毎年5月15日に、島浦にまつってある厳島神社の末社を舟に乗って巡拝する「講社島廻《こうしゃしままわ》り式」という催事がある。この不思議は、その中の養父崎で行われる「お烏喰《とくい》式」という神事からの話だ。沖合いの舟の上から板を浮かべ、お供えの団子を流す。すると、弥山の方から2羽のカラスがやって来て団子を取っていくのだという。この儀式は数百年も前から続いておりいまも続けられているが、カラスが団子を取らなければお宮参りは許されない。不思議なのは、誰かがカラスに調教を行っているわけではないということだ。宮島ではカラスは神の使いといわれている。

5「あやかし」　日が暮れてから山に入ると、金縛りになり神隠しに遭うという言い伝え。もともと宮島では、毛利元就と、山口の大名・大内義隆《おおうちよしたか》の重臣であった陶晴賢《すえはるかた》が戦った「厳島合戦」の行われた場所へは、日が暮れてから入ってはいけないというしきたりがある。万が一、金縛りにあったときは、山の頂上へ向かって呪文のようにご証文を読み上げねばならない。いまでも地元の人はそこを通るとき、心の中で通行の許しを乞いながら通るのだという。

6「天狗の松明《たいまつ》」　年の瀬になると、弥山の頂上に不気味な灯火がともり、拍子木《ひょうしぎ》のようなものがカチッカチッと音をたてるという現象。それを昔の人は、空から降りてきた天狗が、松明を手に何かを呼び集める音をたてていると思ったらしい。真相は不明。

7「龍燈《りゅうとう》の杉」　やはり弥山の頂上付近の話。毎年6月頃、頂上近くの龍燈の杉と呼ばれる木から広島方面を見ると、闇夜の海上に怪しい光が浮かぶという。龍燈とは神社でともす灯火のことを意味しており、奇妙な現象が起こる場所としてその名がつけられた。現在では、街の夜景が明るすぎて見ることはできない。

自然現象の一つとして説明がついてしまうもの、つかないものと、内容はさまざ

厳島神社

神がやどる島、宮島を守る神社。

まだが、これらが宮島に伝わっていることは事実である。中でも七不思議にも頻繁に登場する弥山には、さらに奇妙なミステリースポットが多数点在するのだ。

弥山は宮島の神体山で、古代から山岳信仰の対象とされている。木々の伐採は禁じられており、うっそうとした原生林が生い茂る標高530メートルの山だ。弘法大師が修行した場所としても知られており、頂上にはゆかりのお堂も建っているが、そこには不思議な巨石も一緒に奉られている。

これに代表されるように、弥山には奇岩ともいうべき、不思議な巨石が多々存在する。たとえば、登山道の途中にある直径10センチ程度の穴の開いた「干満岩《かんまんいわ》」は、海が満潮のときは穴から水があふれだし干潮になると乾く。つまり、この穴は海とつながっているということである。標高500メートルを越す山に海へのトンネルが通っていたとしたら、自然が生み出した偶然の産物であれ、人為的なものであれ、どこか不気味である。

また、名所にもなっている頂上の「石畳」は、放射状に隙間なく敷き詰められた巨石で、どう見ても自然のものとは思えない奇妙な様相を呈している。ストーンサークルさながらのこの場所は、何かの宮殿跡、つまり巨岩遺跡だと見られている。

ほかにも人為的に組まれたと思われる不自然な巨岩の石組みや、アンテナ型に削られた岩、三角錐《さんかくすい》状に立っている岩など、弥山には奇怪な石が多い。そこで浮上したのが「弥山はピラミッドである」という説だ。

この説は、ほぼ間違いないものと考えられている。なぜなら、同じくピラミッドだと考えられている同県内の葦嶽山《みたけさん》であるのうが高原、そして弥山を地図上で線で結ぶと、二等辺三角形が形成されるという見逃せない事実があるからだ。

二等辺三角形を描いた地形の真の意味については正確には解明されていないが、一説によると、かつてはその都（中心地）から神体をまつる場所を決めるとき、都を取り囲むようにして三角形を描くのがよいとされていたそうだ。

奈良県にある大和三山も、飛鳥時代の藤原京におけるピラミッドといわれ、やはり3つの山をつなぐと二等辺三角形であるという例を考えれば、その信憑性は増すだろう。

1000年以上の歴史を持つ山の謎に迫るのはなかなか難しい。だが、いずれにせよこれほどの神体山なのだから、宮島の七不思議が弥山の山岳信仰と人さく関わっていることは間違いないはずだ。「華やかな賑わいがある有数の観光地」が宮島の表の顔なら、「多数の不思議が存在するミステリーアイランド」というのが知られざる裏の顔だろう。

中国

万里の長城
「死者の土台」の上に築かれた巨大な建造物

文化遺産
1987年

《長》の建造物といえば、中国に築かれた万里の長城をおいてほかに思いつくものはない。その壮大なスケールは、月から確認できる唯一の建造物という言葉に如実に表れている。

東は華北地区から河北《かほく》省、北京《ぺきん》市、山西《さんせい》省、陝西《せんせい》省、寧夏回族《ねいかほいぞく》自治区を経て西は甘粛《かんしゅく》省まで、16の省、自治区、市にまたがって存在する。

長さは約６０００キロメートルにもおよび、中国の長さを表す里《り》に換算すると約１万里になることからこの名がついた。

が、実際の距離はさらに長い。実は、地図に記されていないところがあるのだ。それは北京の東、渤海《ぼっかい》に面する山海《さんかい》関から海を越えて半島にかけて造られた部分である。これをふくめ、また各地にちらばった長城の断片をつなぎ合わせると、全長１万２０００キロメートルに達するという説もある。

万里の長城は単なる道ではない。おもに関所、城壁、城台、のろし台の４つで構成され、さまざまな機能を持っている。関所はたいてい険しい地形の上に造られ、城壁の外側は必ず崖である。城壁の高さは平均して約8メートル、また城台は偵察用の四角形の建物で、城壁よりも高いところに設けられている。のろし台は場所によっても異なるが、10キロメートルごとに置かれているのがほとんどだ。

さて、万里の長城が築かれたのは一般的に秦《しん》の始皇帝《しこうてい》の時代といわれる。正確にいうと、これは正しくない。時は始皇帝の時代よりも４００年ほどさかのぼる紀元前7世紀前後の春秋戦国時代。燕《えん》、趙《ちょう》、秦の三国が少数騎馬民族匈奴《きょうど》の侵入を防ぐために、それぞれ北方に城壁を築いたのが原点である。

中国全土を統一した始皇帝がそれらをつなぎあわせて基礎を築き、現在の形になったのは明の末期、14世紀のことである。実に２０００年以上の歳月をかけて完成した建造物なのだ。

これだけの距離があれば当然といおうか、致し方ないといおうか、どこかに欠陥があっても何らおかしくはない。実は、東部と西部とでは見た目がまったく異なるのだ。東部は頑丈でしっかりとした造りであるのに対し、西部は粗雑な造りで荒廃している。なぜこうも差が生じてしまったのだろうか。

ある学者によれば、北京に都を置いた明王朝の時代にそうなったという。明は首都圏を防衛するために重要な河北と山西の長城建築に力を入れ、黄河を境に西側方面の長城にはさほど手をかけなかった。つまり、手抜き工事をしたということである。結果、歴然とその違いが現れてしまったのだ。

ところで、始皇帝はなぜ城壁をつなぎあわせてこれだけの壮大な建築物を造ろうと考えたのか。燕、趙、秦の三国と同様、他民族の侵入を防ぐというのが第一の目的であることは明らかだが、それ以外にも諸説挙げられている。たとえば遊牧地帯と農耕地帯をはっきりと区別するため、長城より南のすべての土地を農地化するため、皇帝権力の誇示など。さらには、国内の融和を図り、国民に中央集権国家であることをあらためて認識させるためという説もある。

それでは、実際に万里の長城は役に立ったのかというと、実はあまりにも長かったために監視が行き届かず、繰り返し侵略されていたというのが実状らしい。結局、肝心な第一目的にはさほど力を発揮しなかったわけである。

さて、長城建設の裏にはさまざまな事実が隠されているが、それをどれだけの人が知っているだろうか。

始皇帝の時代、建設工事に携わったのは、おもに犯罪者と商人である。なぜ商人

万里の長城

2000年の歳月をかけて造られた長城はいくつもの役割を担っている。

かというと、始皇帝は農本主義を説いていたからだ。商人は口先だけで利益を得るといって憎んでいたのだ。

流刑者たちは頭をまるめ、足には鎖がつながれ5年間もひたすら工事しなければならなかった。民衆ばかりでなく、不正を行った役人も同時に駆り出された。

冬には氷点下20度にまで下がる酷寒の地で、昼間は匈奴軍の襲来に備えて武器を持ち、日が暮れると工事をさせられていたのだ。それも、いつ何時匈奴軍が襲ってくるかもしれぬ恐怖に怯えながらである。おそらく食べ物も十分与えられるはずはなかっただろう。

当然、飢えと寒さ、そして過酷な労働に耐えかねて亡くなる者も少なくなかった。その遺体はどう処理されていたのだろうか。穴を掘ってきちんと埋葬されていたのだろうか。

罪人や憎むべき商人に対して始皇帝が手厚い処置を施すわけがない。では、城壁の外へ投げ捨てられていたのだろうか。それも面倒である。実は死体は長城の下、土塁に埋められたのだ。これだと穴を掘る必要もない。腐敗臭もしない。言い換えれば長城は、労働者たちの死体を土台に築かれたということになる。

始皇帝以後、何度かにわたって修復が試みられているが、土台をそのまま使用している部分もあるはずだ。つまり、いまでも死体が埋まっている可能性は十分にあり得るのだ。

こうした苛酷な長城建築工事を恨み嘆いた民衆たちは、それを民謡にして代々語り継いできた。

民謡にははっきりと、長城の下には死骸が積まれ、人柱として長城を支えているると歌われている。

さらに前漢時代の歴史家、司馬遷《しばせん》は著書『史記』にこう書いている。

「わたしは長城をつぶさに見てきたが、民の労苦を顧みない無謀な工事というほかにない。名将にあるまじき振る舞いだ」

また、20日間の突貫工事に100万人以上の労働者を動員し、そのうち死者は半数にも達したという記録も残されているという。

工事にかり出された息子を探していた父親が、やっとのことで息子に会えたとき、喜びのあまり死んでしまったという話も伝えられている。

数百万人もの手によって完成した万里の長城。たしかに世界に誇る建造物ではあるが、工事に携わった彼らとその家族の涙と恨みが詰まった、《悲》の建造物でもあるのだ。

レバノン

バールベック
すべての文献から、ローマ帝国最大の神殿の記述が消えた理由

文化遺産
1984年

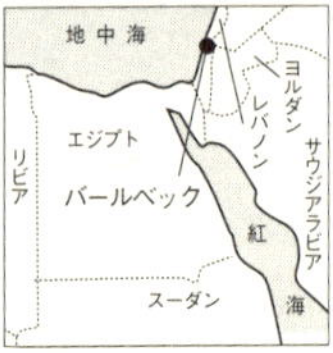

かつて、最も訪れるのが困難な遺跡の一つに挙げられていたのがバールベックである。バールベックは、レバノン東部の標高１２００メートルのベカー高原の中にあるローマ帝国最大の神殿の跡である。

訪れるのが困難だったのは、１９７５年に始まった内戦のためである。いまではラクダに乗って遺跡巡りができるまでに治安は回復した。

さて、ローマ帝国最大の神殿跡の入口には、威圧感があるといっても過言ではない赤御影石《あかみかげいし》の階段がまず人々を出迎えてくれる。その階段を上ると六角形の庭に出る。さらに大庭園を通り越し、２つの祭壇を過ぎると１つ目の神殿、ユピテルが目に飛び込んでくる。この神殿は90メートル×54メートルの広さを誇り、かつては54本の柱が並んでいたという。

現在、本殿は崩れてしまい、残っているのはコリント式の柱が６本だけである。

しかし、柱の直径は2・2メートル、高さは20メートル以上。これだけでもいかにこの神殿が大きかったかを容易に想像できるはずだ。

左手にはもう一つの神殿、バッカス神殿が残されている。ユピテル神殿より少々小さいが、崩壊も最小限に食い止められ、いまでも柱に施されたアラベスク模様と神々の彫刻をつぶさに見ることができる。現存するローマ神殿の中でも、最良の保存状態を持つとされている。

そして、少し離れた場所にもう一つの神殿、ウェヌス神殿が建っている。ほとんどが崩壊しているが、貝殻から誕生するヴィーナスの図が残されている。

ところで、バールベックはいつ誰が、どのような神を祀るために建てた神殿なのだろうか。

ここバールベックはもともとフェニキア人たちが住む農業の盛んな地で、バールベックという言葉も豊穣の神バールとアラビア語で平原を意味するベカが一緒になってできた。この土地は聖地として崇められてきたが、紀元前64年にローマ帝国がバールベックに侵攻し、紀元前47年にはカエサルがローマ人の入植、そしてバールベックの属州化を推し進め、神殿の建設に着手する。

ユピテル神殿は、フェニキア人が造った太陽神バールの祭壇を使って1世紀に建てられた。150年ころには、快楽と回春の神バッカスを祀るバッカス神殿が完成したのだった。かつては正面には基壇に登るための33の階段、2階に続くらせん階段がついていたという。天井にはアラベスク文様が彫られているが、これは柱の上に乗せたあとに彫られたものだという。

そして3世紀になると愛と美、生殖の神を祀るビーナス神殿が建築された。現在、3つの神殿跡が残されているが、当時は少なくとも6つの神殿があり、すべてができ上がるまで200年以上の歳月が費やされたのだった。

神殿からもわかるように、同じ場所に数種の神が祀られていたようだが、ローマが攻めてくる以前、古代からこの土地では3つの神を祀るという三神一座の崇拝が行われていたらしい。ただし、その起源についての記録はほとんど残されていない。

そもそもバールベックの遺跡は不明瞭なことばかりである。というのも、これだけ巨大な遺跡であるにもかかわらず、文書といった記録がまったく残されていないのである。なぜ残されていないのかも、また謎なのである。

これだけの神殿を建てる費用もどのように調達したのか、いまだに解明されていない。中には、近隣国の神殿にはりあうためにできるだけ大きな神殿を造ったと見る学者もいる。

バールベック

アラベスク模様が施された柱と神々の彫刻が見られるバッカス神殿。

また、神殿の基底部の巨石は表面がきれいに磨かれているが、これは現在の技術を持ってしても手作業では不可能だという。つまり、よほど高度な技術と機械がなければ到底無理な話なのだ。ただ、石切場に残された重さ１００トン、長さ21・5メートルの現存する世界最大の切石を運ぶのには、滑車を使っても4万人の労働力を必要とすることはわかっている。つまり、一説には10万人ともいわれる万単位の膨大な数の人々が神殿建築に携わったことだけはたしかなのである。

ところで１９７５年の内戦が勃発する直前、神殿の円柱は実弾射撃訓練の標的にされ、内戦が始まった直後には2、３０００人ものパレスチナ・ゲリラがこの聖地を占拠して要塞化してしまった。シリア軍の砲撃によって武装ゲリラは退去したというが、どれだけ遺跡が傷つく結果となったことか。

パレスチナ・ゲリラ以外にも、イスラム教シーア派武装組織ヒズボラ、イラン革命防衛隊など、不幸にもバールベックはさまざまな過激派の拠点にされてしまった。さらに、ベカー高原一帯は反イスラエル・ゲリラ闘争の最前線なのだ。バールベックは破壊の歴史の博物館だと嘆く人もいる。内戦前には国際的な観光地として賑わい、神殿跡を利用して国際フェスティバルが盛大に開かれていたバールベック。これ以上破壊されることのないよう、人類は遺跡の保護に努めなければならないだろう。

第3章
闇に消えた太古の記録

中国

峨眉山と楽山大仏

大仏建造に生涯をかけた謎の高僧の存在

複合遺産
1996年

これまでに、日本をはじめ世界の各地で数々の大仏が造られてきたが、世界最大の大仏といえば中国四川省楽山市にある楽山《らくざん》大仏である。

高さ71メートル、頭部だけでも14・7メートル。顔はおよそ畳7、8畳分の広さで耳の長さは7メートル。その耳の穴には人が２人入ることができる。目は３・３メートル、鼻と眉はそれぞれ５・６メートル。また、足の幅は５・８メートル、その上に１００人が座れるというのだ。

奈良東大寺《とうだいじ》の大仏より5倍近くも大きく、ニューヨークの自由の女神よりも25メートル高い。楽山大仏は凌雲《りょううん》山の崖を削って、座るような形で造られている。仮に大仏が立ったならば、１００メートル近く、あるいはそれ以上の高さになるはずだ。

さて、楽山大仏はいまからおよそ１３００年前、ある１人の僧侶によって建造された。この僧侶について書かれた記録はほとんど残ってなく、楽山大仏を造った名僧とだけしか知られていない。僧侶の名は、海通《かいつう》という。

彼は一体なぜ生涯をかけてこれだけの大仏を造ろうとしたのだろうか。

凌雲山の麓《ふもと》には岷江《びんこう》という流れの速い川がある。楽山の人々とって300年以上も前から交通の手段は舟だけであった。そして川の魚を採って暮らしてきた。しかし、もともと流れが速いうえ、岷江、青衣江《せいいこう》、大渡河《だいとが》の3つの河が合流する地点はもっとも危険とされ、事実、水没事故が次から次へと起こっていたのだ。人々はこれを、川底に住む妖怪が渦巻きを起こし、舟を飲み込んでしまうからだと考えていた。

そこで海通は、妖怪退治のために大仏を造ろうと考えたのである。そんな海通に対する人々の信頼は厚かった。大仏は山肌を削って造られているが、何千人もの人が命をかけて山に登り大仏の建造工事に携わったのだ。結局、着工から仕上がるまでに、90年という長い年月を費やした。建築を開始したとき海通は20代前半。それから60年後、頭の部分がわずかに現れた時点で海通は亡くなる。しかし、人々は建築をやめなかった。作業は親子三代にもわたり、もちろん1代目の多くはその姿を見ることなく死んでいった。また、多い日には5000人もの人がノミをふるい、そしてついに803年、延べ1億人の手によって完成したのだった。

そして海通の祈願がかなったのか、完成と同時に水没事故はぴたりとなくなったという。完成した当時の大仏の顔は金箔《きんぱく》で覆われ、体は朱色に塗られていた。足下には巨大な蓮の花が飾られ、13層の仏閣で覆われていた。それはそれは、荘厳で豪奢《ごうしゃ》な姿を醸《かも》し出していたという。海通の思惑どおり、妖怪は大仏の姿にひれ伏してしまったのだろうか。

まさかそんなことが現実に起こりうるはずはない。大仏を造るために削られた岩は24万トン、トラック6万台分に相当する。この土砂はどこに行ってしまったのかというと、実は3つの河の合流地点の川底に埋められたのだ。海通の本当の目的は、この治水事業にあったのだ。河を埋め立てて流れをゆるめることによって事故を減らす。仏像建造の裏には、こんな秘密が隠されていたのである。

驚くことはそれだけではない。大仏をよく観察してみると肩のあたりに人為的に溝が造られているのがわかる。雨が降ると、雨はこの溝を通って外に排出される。つまり排水用の溝だったのだ。そのために、これだけの年月を経ているにもかかわらず浸食されず、いまにその姿をとどめているのである。

これだけ繊細、かつ正確な建築技術を持っていた海通とは、いったいどんな人物だったのだろうか。

楽山大仏

名僧によって造られた世界最大の大仏。

海通は大仏を建築するために各地を托鉢《たくはつ》して歩き、金250キロ、現在の4億円に相当する金を集めたという。しかし、それだけの巨額の金がどのようにして集められたかは定かではない。なぜなら、記録は何も残されていないからだ。

唯一の大仏に関する記録が、完成のときに書かれた『渝州凌雲大仏像記《かしゅうりょううんだいぶつぞうき》』だ。そこには、こんな事実が記されている。

あるとき、一人の役人が海通のもとを訪れ賄賂《わいろ》を要求した。しかしきっぱりと断る海通に役人は腹を立ててこういった。

「では、代わりにお前の目玉でももらっていこう」

すると、海通は少しも動ぜず指を目に突き刺し眼球をえぐり出したのだった。名僧といわれる理由は、こんなところからも窺える。

ところで、楽山大仏の立つ凌雲山には古くからこんな言い伝えがある。凌雲山は巨大な寝釈迦像《ねしゃかぞう》だと。たしかにいわれてみれば、そう見えなくもない。つまり、全長4000メートルの寝釈迦の中に楽山大仏があるということだ。果たしてこれは海通が故意にしたことなのか、それとも偶然だったのか。いまとなっては知る術もないが、海通の人々を救いたいという思いだけは千年を経たいまでも、ひしひしと伝わってくる。

ペルー

チャビン
孔のあいた多数の頭蓋骨が埋められていたアンデスの遺跡

文化遺産
1985年

チャビンの遺跡がある場所は標高3150メートルの高地。日本でいえば富士山の頂上近くに遺跡が存在しているといったところだ。ペルーの首都リマから北へ300キロメートル。アンデス山脈の東側を流れるモスナ川とワチェクサ川の間の小さな谷間では、かつて古代アンデスにおける重要な都市が存在していた。

遺跡からは、チャビン様式と呼ばれる多数の土器や石彫が発掘され、当時の文化の繁栄を垣間見ることができる。

一番の見どころは切り石で造られた神殿と、その地下中央部祭室に立つ、擬人化されたジャガーを表現した浮き彫りの神体「ランソン」だ。

ほかにも、「釘状《びょうじょう》頭像」と呼ばれる猫神像の石頭が飾られた石壁や、方形半地下式の「聖なる広場」など、ここに一つの大きなコミュニティができていたことを示す多くの遺跡が残っている。

アンデスの人々は「ホライゾン」という概念を持っていた。これは、広域にわたる社会が、強い政治権力や文化的な力の浸透により、共通の文化スタイルを示す現象のことだ。こう聞けば一般的な「社会」と同義語のようにも思えるが、わざわざ「ホライゾン」と呼ぶからには理由がある。インカにおける「ホライゾン」とは1つの文明がけっしてゆがめられることなく均一に広がっていく様、つまり「文化層の水平の広がり」を意味している。したがって、この遺跡が栄えた時期は「チャビン・ホライゾン」と呼ぶことができるのである。

チャビンが栄えたのは、紀元前1000年から紀元後100年までの間。インカはもちろん、チムーよりもナスカよりもはるか昔のことである。

古代アンデス文明は大きく5つの時代にわけられるが、チャビンの時代はもっとも古いアンデスの草創期にあたる。すなわち、後のアンデス文明はすべてチャビンの後継といっても過言ではなく、多数の文化や風習が受け継がれていったのである。インカにおける有名な外科技術もその一つだ。

2000年前からインカ時代までの広い時代におけるアンデスの古い遺跡からは、ぽっかりと孔のあいた不思議な頭蓋骨《ずがいこつ》が多数発掘されている。当初、この孔が何を意味しているのかわからなかったが、最近になって頭蓋穿孔《せんこう》の周囲の組織が再生しているることが判明し、術後（孔をあけた跡）少なくとも5〜10年は生存していたという事実が明らかになったのである。

わかりやすくいうと、この孔は死後にあけられたものではなく、生きているあいだにあけられたものなのである。すなわち古代アンデスの人々は、高度な外科技術を持っていたというわけだ。

では、なぜこの時代に外科手術が必要だったのだろうか。

インカに代表される古代アンデスの人々は、戦いの武器として弓矢や槍などではなく、石を使っていた。ヤギに似た動物であるリャマの毛で編んだヒモの先端に石を結び付け、敵の下半身を狙う。すると足元にヒモが巻きつき相手は倒れる。倒れたところで戦況は接近戦に変わり、今度は棍棒で殴りつける。棍棒の先には石や青銅がつけられており、頭を殴ることでとどめを刺すというものだった。つまり、ほとんどの兵士が負った傷というのは、鋭利な矢などによる刺し傷ではなく打撲傷だったのである。

石で頭を叩き割るのだから、当然、頭に損傷を被る兵士が跡を絶たない。頭蓋骨は頭の中で粉々に砕かれ瀕死の状態だ。そこで、砕かれた頭蓋骨を取り除くために頭部外科手術が行われたのだった。

では、どのように手術は行われたのか。

手術は大きく3つの方法が推測されている。まず1つめとして、トゥミと呼ばれるナイフのようなものを用いた方法だ。

金属でできたトゥミを利用し患部を井桁《いげた》（「井」の字状に竹や板など棒状のものを四角く組んだ形）に削り取る。トゥミは儀式などでよく使われるナイフで、実際、井桁状に切り取った跡が残っている頭蓋骨が発見されている。

2つめは石器の先端を用いる方法だ。石器の刃を利用し患部を丸く削り取る。削るときに出る骨紛はおもに止血に利用されたとみられている。

そして3つめはスクラッピングと呼ばれる方法で、頭蓋骨の表面を広範囲に渡って削り取るというものだ。

手術の詳細な工程についてははっきりとは解明されていないが、それよりも不思議なのは手術の際の痛みや止血、感染などの問題をどうしていたかだ。実は、幸運にも、当時のアンデスにはこれらをクリアするすべての条件がそろっていたのだ。

まず、痛みについてだが、この地帯にはコカの葉がたくさん自生していた。コカは現代でも麻酔薬に使われているもので、これを麻酔代わりに使えば、痛みは最小限に抑えられる。

チャビン

ユニークな表情ばかりの人面頭部像。

さらに、コカの葉には止血作用もあった。手術方法のところで述べたように、骨粉も止血に有効だったため、この問題もなんなくクリアした。

最後に感染の問題だが、これにはアンデスの気候が幸いした。アンデスは冷涼で乾燥した高地。もっとも細菌が繁殖・感染しにくい環境だったのである。

これらの条件がすべて満たされ、外科技術はみるみる発達していった。

今でこそ出血しているケガと、出血していないケガでは、後者の方が危険だということは、医者でなくても知っているが、当時のアンデスの人々は、これについても知識があったという。

その証拠に、古代アンデスの人々は出血していないケガの場合でも、頭部にわざと孔をあけていた。脳が露出すれば脳内の圧力は下がる。そしてたまった血を外へ出し再度患部を閉じていたのである。

同じ古代文明でも、マヤなどに比べインカの最大の特徴は文字を持たないということだった。だが、文字を持たずしてこれだけの技術を習得していたという事実は、まぎれもなく高度な文明を彼らが持っていたという証拠である。古代アンデスの外科手術の跡はけっして不思議な宗教や呪術によるものではなく、正真正銘の真実なのである。

エチオピア

テイヤ
草原にひっそりと佇む奇妙な石碑群

文化遺産
1980年

灼熱の太陽とサバンナが象徴的なアフリカ大陸東部に位置するエチオピア。その遺跡は、首都アジスアベバから南西に約２３０キロメートルほど行ったアバヤ湖付近のソド地方にある。

草原一帯にひっそりと佇むのは、数々の石碑だ。その数は数百といわれ、うち１６０基の石碑が考古学調査の対象となっている。その１６０基の中に、45メートルにわたって一直線に並ぶ36基の石碑がある。これこそがティヤの遺跡であり、20年前に世界遺産に登録された。

ティヤの遺跡は大半が円錐または半円板状の形をしており、4基を除いた32基に彫刻が施されている。彫刻は人の顔や動物、剣などを象《かたど》ったものが多い。

また、あたかもWやXの文字を彫ったかのように見える彫刻や幾何学的な模様なども精巧な技法によって彫られ、その芸術性の高さを窺わせる。ただし、中には何を意味しているのかまったく理解できない彫刻もある。

ちなみに、最大の石碑は一部が欠損しているが5メートルにもおよぶほど大きい。一方、ティヤに次いで重要な遺跡とされるレモ・タフィの19基の石碑はそのほとんどに植物の彫刻が施されている。

こうした石碑群は1905年、灌木《かんぼく》や草の生い茂る中、一人の少年の案内によってフランスの考古学者が発見した。しかし、いくら調査しても彼らは何も解明することができなかった。

その後、20世紀半ばと1976年の調査によってティヤの西に新たな石碑と墓所が発見された。こちらの石碑の中には、2本の腕を持つ人体を象った思われるものがある。その人体の頭部も発見されており、顔には3本の垂直線と4つの目が刻まれているという。ほかの人物の顔、たとえばウマやラバに乗る人物、立像などの人物の顔もまったく同じように刻まれている。また、巨人のような人物像や湾曲した十字架などのモティーフも使われている。

専門家たちによれば、これまでに発見された石碑はごく一部で、周辺一帯には未発掘の墓所や石碑がまだ隠されているという。

さて、これら石碑はエチオピア史を解く重要な資料であることには間違いないが、

ティヤ

2本の腕を持つ人体を象った石碑。

いまだに石碑の意味と目的、そして誰が造ったのかはわかっていない。

もっとも信憑性があるといわれている説は、ここ一帯に住んでいたキリスト教またはイスラム教の信者たちが、異教徒から身を守るために住まいを石碑で囲った、というものだ。

ところがこれに異論を唱える研究者も少なくなく、宗教的な儀式を行ったとみる学者もいる。が、時代が古すぎて手がかりとなる資料が少ないのが現状なのだ。

たしかに墓所からは陶器や、彫刻を施した金属製の道具が発見され、石に掘られたウシの彫刻から牧畜を行っていたことは推測された。また1926年には小さな立方体の桶の中に入った人骨も発見されているが、これがいつの時代のものかは明らかにされていない。

これほどの量が出土した大規模な遺跡でありながらも、何もかもがベールに包まれたままなのである。このアフリカ大陸東部において最も注目されている先史遺跡は、今後もその謎解きに困難を極めるに違いない。

1982年から組織的な調査が進められているが、今のところその結果報告は聞こえてこない。この遺跡がわれわれに全貌を明らかにしてくれるのは、果たして一体いつのことになるのだろうか。

ペルー

クスコ市街
インカ帝国の謎を解く鍵、「キープの原理」の真相

文化遺産
1983年

クスコとはインカ帝国の公用語だったケチュア語で「ヘソ」を意味している。なぜここがヘソなのか。それは、クスコがアンデス一帯に広がっていたインカ帝国の首都だったからである。

15世紀中ごろ、インカの人々はクスコを拠点に他の土地や民族たちと交流を図っていた。だが、標高3500メートルというアンデス山脈の一角に築かれた大都市は、16世紀にやってきたスペイン人たちによって破壊されることになる。

スペイン人たちが生み出した現在に残るバロック様式の街並には、インカの面影は少ない。だが、碁盤の目のような街、人間がやっと一人通れるような坂の小道などには、かすかにインカの名残があるという。

クスコの街は、インカ帝国第9代皇帝パチャクティ、そして第10代皇帝トゥパック・ユパンジの時代に最盛期を迎えた。当時のインカ人はすぐれた石組みの建築技

術を持ち、塔や家屋、壁などを整然と作り上げていった。その出来映えは侵略者であったスペイン人でさえも、完全に破壊することをためらったほどで、新たに建てられた修道院などの中には、インカ時代のものをそのまま流用したものもある。

クスコは商業や行政の中心地としてだけではなく、インカの国家的宗教であった太陽神信仰の総本山でもあった。いわば聖地というわけである。町の中心部にはコリカンチャと呼ばれる太陽の神殿があり、それを取り囲むようにして周囲には工芸などに従事する人、さらにその周囲には農民が住んでいた。

このような環状都市は、約5万人の人々が約20年かけて築いたといわれている。だが、当時の記録を残す平図面などは何一つ残っていない。しかも、スペイン人たちはインカの都市を土台にし、その上から街を作ったので、発掘は思うように進まないというのが現実なのだ。

つまりクスコは知名度とは裏腹に、大部分の真実がいまだ隠されたままというわけである。

それでも、かつてのインカ人にとって難題だった水路を敷いたこと、建築物に使う石を石切場から「てこの原理」を使い運んでいたことなどはわかっている。このようなことから、おそらくインカ人ははるか昔から数多くの知恵を習得していたと

クスコ市街

インカ帝国の石灰石で固められた要塞。

推測されている。

だが、それらを文字や絵によって伝えたという記録は見あたらない。つまり、インカ人は、文字を持たない民族だったのだ。果たしてインカ人たちはどのように文明を伝達していたのだろうか。

実は、古代インカ人はキープと呼ばれるヒモによって情報を記録していたのである。キープはやはりケチュア語で、結節縄《けっせつじょう》とも呼ばれている。基本となる形は、リャマの毛で作ったヒモに何本かの細ヒモを結びつける。簾《すだれ》のような形状をイメージしてもらえればわかりやすいだろうか。

数字は結び目の数で決まっている。1なら結び目は1つ、5なら結び目は5つ、といった具合だ。そして十進法で位どりを決めて結ぶ位置を特定すれば、複数ケタの数字が記録できる。細ヒモの数を増やせば、無限に数えられるというわけだ。

これによって数えられていたものは、日数にはじまり、兵士の数、各地域に住む人口、家畜数、さらには倉庫の物資の量、貢納品、武器の数などのようだ。そして、それらはヒモの色分けをすることによって、「何がどれだけ」という正確な情報となるのである。

ヒモの原理は誰にでも理解できるほど簡単なものである。だが、国家の膨大な情報量を整理し管理するのは誰もができたわけではなかった。それには「キープ・カマヨック」という専門家が活躍した。

キープ・カマヨックはキープの記録官、計理官としてインカの役人の中でも重職とされていた。この役職はインカの崩壊後、スペイン植民地時代にまで残っていたという。

クスコには国家統計のためのキープを保管する場所があり、そこでキープ・カマヨックの教育も行われていたようだ。おそらくその保管場所には、数百本ものヒモが所狭しと、だが整然と並んでいたにちがいない。

インカ王朝は、初代カパック王がクスコを興してから滅亡を迎えるまでの間、多くの謎に包まれていたため幻の王朝といわれていた。数世紀にもおよぶ帝国が、なんの文字も持たずに長いあいだ統治されてきた理由として、キープの存在を高く評価する識者も多い。また、キープは実はインカ以前のワリ文明のころからあったのではないかという説もある。

高度文明を持ったインカ人たちが、もしもスペインに征服されていなかったら、他の土地とは行き来しにくい３０００メートル級の山脈都市には、まったく違う世界が作られていたかもしれない。

トルコ

ネムルト・ダー
山頂に立てられた首のない5体の神像の謎

文化遺産
1987年

トルコ北部を左右にまたがるアナトリア高原。この高原を南北に二分するように貫いているのがアンティ・トロス山脈だ。その山脈がユーフラテス川の肥沃な沖積平野に行き着く手前、南東のネムルト山に不思議な遺跡群がある。これがネムルト・ダーの巨大墳墓だ。

かつて神殿だったと思われる山の頂は、実は山を継ぎ足すようにして築かれた人工の山頂である。山頂をほんの少し下ったところには首のない巨大な神像が5体並び、その頭部はというと地面に無造作に転がっている。神像は素朴で風変わりなデザインが目を惹くが、そこに刻まれた神の名はいっそう興味深い。5体のうち3体に、ギリシャとペルシャの神々の名が1つずつ記されているのだ。また残りの2体はこの地方に栄えた民族独自の神々だという。

3つの文化の神々を名乗る巨大な神像と、その転がった首。この謎をたどると、アナトリア高原に群雄割拠した小国家の歴史が浮かび上がってくる。

索漠《さくばく》とした荒野が一面に続くアナトリア高原は、かつて広大な森林に覆われていた。それがいまのような光景となったのは、当時ここで暮らしていた人々が何世紀にもわたって木々を伐採してしまったからだ。アナトリア高原は紀元前数千年の昔から豊富な鉱物資源で知られていた。そのためさまざまな民族がここで採掘を行い、同時に森林を溶鉱炉の燃料としたのである。

しかし森林とともに資源も枯渇し始めると、アナトリア高原は大きな交易路から外されるようになった。いくつもの国家が繁栄したこの地は、やがて無数の部族が乱立する時代を迎える。そうした部族の一つに、アンティ・トロス山脈の南東部、コンマゲネ地方の集団があった。彼らの様子を伝える史料の一つは紀元前8世紀のものだ。それによれば、当時コンマゲネの北方にウラルトゥ王国と呼ばれる国が存在したという。領土の拡大に心血を注いでいたウラルトゥ王国は、後にオリエントで最初の統一国家を築くアッシリア帝国と熾烈な戦いを繰り広げていた。このウラルトゥ王国が同盟を結んでいた相手が、コンマゲネの住民である。

ウラルトゥ王国とコンマゲネは、紀元前750年ころにアッシリア帝国を敗退させることに成功した。しかしアナトリアの情勢は安定せず、ウラルトゥ王国はやがて滅亡する。一方のアッシリア帝国も紀元前7世紀に最盛期を迎えてまもなく、新バビロニア帝国に滅ぼされるといった具合だった。

そうした中、コンマゲネにも転機が訪れる。きっかけは、アレクサンドロス大王が紀元前323年に急逝し、マケドニア王国で後継者を巡る内紛が生じたことだ。大王の配下だった武将たちは互いに王位を争い、自ら王を名乗って次々と独立した。その中の一人、セレウコス朝シリアを興したセレウコス1世によってコンマゲネは王朝に組み込まれることになる。

セレウコス朝シリアは、アレクサンドロス大王が残した広大な領域を手に入れていた。しかしコンマゲネをふくめ、そこに散在する多種多様な民族を一つに統制するのは容易ではない。そこでセレウコス朝は、ある巧みな方法でこの問題を解決した。アレクサンドロス大王を神として王朝に祀ることで、王権の正当性を示したのだ。各地では偉大な大王にまつわる伝説が生まれつつあったため、この方法は自然に溶け込んでいった。そして同時に、コンマゲネの地にも複数の文化や信仰が混在していく土台を作っていくのである。

しかし、ときとともに各地で独立の気運が高まり始め、紀元前1世紀にはセレウコス朝シリアは衰退し始めた。そうした中、ようやく紀元前162年にコンマゲネ

ネムルト・ダー

西側テラスには神々の巨大な像の頭部が並んでいる。

は独立王国として姿を現す。コンマゲネ王国は同盟や和平を通じて巧みに独立を維持しながら、次第に通商の要衝として繁栄を築いていった。そして歴代の王は手にした富を、神殿や宮殿などの建築に注ぎ込んだという。

独立から約100年後の紀元前69年、コンマゲネで一人の王が王位に就いた。ミトリダテス1世の息子、アンティオコス1世だ。彼は自らの偉大さに酔いしれるほど尊大な王だったと伝えられている。しかし同時に、ネムルト山に残る奇妙な遺跡を通じて王国の繁栄を現代に伝えた張本人として歴史に名を残した。

世界中の古い文明と同じく、コンマゲネの人々も山の頂上を神聖な場所と考えていた。従ってアンティオコス1世が、標高2150メートルのネムルト山の山頂を自分の墓所と定めたのも当然のことといえる。

しかし尊大なこの王は、それだけでは満足できなかった。山頂に盛り土をすることで、より天上の玉座に近づこうと考えたのである。こうしてネムルト山に高さ50メートル、直径150メートルの新たな山頂がつけ加えられることになった。

もっとも現在では、やや形が不自然という点を除けば自然の山と区別がつかないほど風化している。そのため1881年に偶然発見されるまで、この墳墓は存在を知られていなかった。その後の調査の結果、人工の山頂は砕いた石を積み上げて作ったことが判明した。しかしそこにあるはずの地下の墓室への入口は、いまだに見つかっていない。

山頂をほんの少し下ると、南を除いた3方に平坦なテラスが設けられている。そのうち東側のテラスが、問題の石像が据え置かれた場所だ。5体の石像は、石壇の上で両手をひざに置いて腰かけるようにして立てられている。転げ落ちている頭部を合わせると、高さ9メートルにも達する巨大なものだ。

刻まれた銘が伝えるところでは、石像のモチーフは次のとおりである。中央のやや大きな像はゼウス、その右がアポロンとヘラクレス。このギリシャ神話の神々にペルシャ神話の神の名も与えられているのはすでに述べたとおりだ。一方ゼウスの左はコンマゲネ王国の守護女神テュケとアンティオコス1世自身の像が並んでいる。

ギリシャとペルシャの神々にコンゲマネの神と王自らが並んだ石像群。これは複数の文化が入り交じるこの地で、アンティオコス1世がそれらの神々との類縁関係を表そうとしたものだと考えられている。しかし、転げ落ちた首がその足元に置かれている理由は、地震のためと想像されているものの真相は明らかではない。

多様な文化の神を習合したアンティオコス1世の墳墓は、人類文明が統合され発展していく過渡期の様子を生々しく現代に伝えている。

スリランカ

古代都市シギリヤ

鮮やかに描かれた13人の女性の壁画と狂気の王の物語

文化遺産
1982年

スリランカの首都、コロンボから160キロメートルあまり。緑に囲まれたジャングルの中に高さ200メートルにも届こうかという巨大な岩がある。

シギリヤ・ロックと呼ばれるこの岩山には、観光用に人が登れるよう簡易通路や手すりが取りつけられ、頂上まで歩いて行けるようになっている。かなりスリリングではあるが、スリランカきっての遺跡観光地とあって、地元民、外国人を問わず、毎日多くの人々が訪れている。

岩山の中腹には「シギリヤレディー」と呼ばれる、色鮮やかな壁画が残っている。名前のとおり、いずれも天女のような姿をしている美しい女性の絵で、全部で13体描き出されている。

頂上には王宮の土台跡があるが、激しい風化のせいで、それといわれなければおそらく何の跡だかわからないだろう。だが、なぜか水場だけにはいまなお水が脈々と湛《たた》えられており、かつてたしかにここに王宮が存在したことをかろうじて伝えている。

頂上から眺める風景は素晴らしく、あたり一帯を囲むジャングルを、遥か地平線まで見渡すことができる。

かつて、ここから同じ風景を眺めていた一人の王がいた。しかも、その王によるこの遺跡の栄華は、たった11年にしかならなかった。世界に遺跡は数あれど、わずか11年で幕を閉じた都は他に類を見ない。

シギリヤのはかない伝説は、この王による狂気と孤独の物語のみでしか、知ることはできないのである。

スリランカでは5世紀後半、アヌダーブラという都が盛力をふるっていた。当時の王はダーツセナで、彼には王妃との子供モッガッラーナと、その異母兄であるカッサパ1世がいた。このカッサパこそが、シギリヤの謎めく伝説の主役なのである。

カッサパの母は身分の低い女で、いわゆる妾のうちの一人だった。一方の、モッガッラーナの母は正妻、つまり王位継承権は正妻の子に与えられ、カッサパにはとうてい王位を継ぐ資格はなかった。

だが、ある日カッサパが野心を抱くことでアヌダーブフの歴史は変わる。　477

年、ダーツセナ王に不満を抱いていた軍司令官とともにクーデターを決意したのだ。

王を捕えたのちに、モッガッラーナをインドへ追放。そして、カッサパは獄中の父から財産を奪い王位につこうとした。

だが、父はいくら拷問にかけても財産のありかを白状しようとしない。結局カッサパは司令官に父を殺害させ、ついに誰にも邪魔されることなく玉座に着いたのである。

だが、次第にカッサパ王はある強迫観念から逃れられないようになる。一つは、実の父を殺してしまったことへの後悔の念。そしてもう一つは、追放した義弟の復讐への恐怖心だ。

とくに、仏教における「五つの大罪」にあたる親殺しの罪は、カッサパ王の心をひどく苦しめた。そこで、亡き父が志半ばにして達成できなかったシギリヤの岩山頂上への宮殿建立を引き継ぐこととしたのである。

カッサパ王にとって、シギリヤ・ロックは父への償いの場であると同時に、自己防衛の場でもあった。なぜなら、200メートルの高さの要塞は、義弟からの復讐から身を守るのに絶好の場所だったからである。

王宮完成から7年後の484年、都はついにかつてのアヌダーブラからシギリヤ

シギリヤレディ

シギリヤロック中腹に描かれた壁画。裸の女性は上流階級者。

へ遷都した。カッサパ王は、そこで天界の住人・クベーラ神（毘沙門天）となり、罪滅ぼしをするはずだった。だが、しばらく経つとそこは王に侍《はべ》る５００人もの美女を集めたハーレムと化したのだった。

実は、岩の中腹に描かれた「シギリヤレディー」は、彼女たちがモデルである。現在確認できる天女は13体であるが、かつては美女の数と同じ５００人の女性が描かれていた。だが、その一方で、カッサパ王はこの壁画にも父を供養する意味合いを持たせていた。仏像に花を捧げる「供養散華《くようさんげ》」を模したのだという。

ハーレムと供養では、あまりにも矛盾があるようにも思えるが、とにもかくにも、現実には快楽におぼれていくカッサパであった。

だが、王の君臨は長くは続かなかった。４９５年、インドにいた義弟・モッガッラーナの復讐がとうとう始まったのだ。

インドから援軍を引き連れ、モッガッラーナが戻ってきた。城塞はあっというまに取り囲まれ戦が始まった。だが、戦の途中、カッサパを乗せていた象が、予期せぬ沼地に足をとられ沈んでしまった。王が沈んでしまったことで、白旗を掲げざるをえないと察知したのか、カッサパ王の軍は退却してしまい、カッサパ王一人が取り残されてしまったのである。事態を見てとったカッサパ王は結局、捕えられる前に自害してしまった。

その後、王となったモッガッラーナはシギリヤを廃都とし、ふたたびアヌダープラに都をおいたという。

結局、カッサパ王によるシギリヤ王朝はわずか11年しか持たなかった。古い物語のため、カッサパの人柄や細かい記述は残っていないが、ここからはカッサパ王の孤独がありありとうかがえる。

正妻の子をねたみ、野心に目がくらんだ狂気の幼少時代。父を殺し義弟を追放しながらも、後悔と復讐におののく矛盾した姿。野心を貫いた力強さを持っている反面、後先を考えない幼さも持ち合わせていたせいで、美女や臣下たちの心からの信頼を得るまでには至らなかったのだろう。カッサパが少しでもそれに気付いていれば、最期の死のとき、象が沼にはまったくらいで逃げ出すような軍にはならなかったはずである。

シギリヤ・ロックは、「獅子の岩」という意味を持っている。なぜならカッサパは岩を胴体に見たて、頂上にライオンの座像を置いていたからだという。

インドから攻めてくるモッガッラーナの侵入を拒むための守護神と考えられているが、唯一その像だけがカッサパの味方だったのかもしれない。

第４章
神々に護られた神秘の遺跡

メキシコ

オアハカ歴史地区とモンテ・アルバン遺跡

不思議な「踊る人」の石彫と奇妙な神様

文化遺産
1987年

16世紀はじめ、海を渡ってやってきたスペイン人たちは、豊かな高原であるこの土地に目をつけた。

彼らは、バロック様式のサント・ドミンゴ聖堂にドミニコ会修道院、石畳の街路、木々に囲まれた広場など、自分たちの故郷であるヨーロッパの街並を次々と作り上げていった。それがメキシコでもっとも美しい街と呼ばれる植民都市オアハカである。

さらに、オアハカから西へ10キロメートル離れたオアハカ渓谷一帯には、また別の都市が存在していた。スペイン語で「白い山」という意味を持つ、モンテ・アルバンだ。

この2つの先スペイン期都市が世界遺産に登録されているのだが、考古学的目線で見たとき、注目を集めるのはモンテ・アルバン遺跡のほうである。

モンテ・アルバンには、すでに数千年前から人が住みついていたと見られている。その後、サポテカ、ミステカ、アステカと、征服部族は移り変わっていき、最終的にはスペイン人の支配下におさまった。だが、ここを一つの街として建設したのは紀元前7世紀ごろ、別の土地から移り住んできたオルメカ族が最初である。

オルメカ族は祭祀場として標高400メートルの丘に、縦610メートル横245メートルの平坦な台地を建設した。神殿、球技場、天文台など技術的にもすぐれ緻密に構成されたアクロポリスは、その後何百年ものあいだ征服部族が変わっても存在し続け、いまなお遺跡として残されている。

その出土品の中でもっとも関心を集めたのは、オルメカ族が残したとみられる「踊る人」と名づけられた石彫だ。「踊る人」は、さまざまなポーズをとった人物を描いた浮彫りで、たしかに人が踊っているようなモチーフに見えなくもない。だが、本来は人が踊っているのではなく、何か医学的な意味があるのではないかと考えられている。

それは発見された場所が病院の跡地だったからだ。中には、明らかに異常をきたしているような患者らしき人間を表しているような絵柄もあり、病気あるいは生殖といったものと密接な関わりがあると考えられている。また、一説には死者を描いているのではないかともいわれており、いまだ研究の最中だ。

メキシコではマヤやアステカ文明が有名だが、オルメカはそれらのルーツともいえる超古代文明である。発祥は定かではないが、少なくともいまから約3000年以上昔にさかのぼる。マヤよりも早く暦や文字を持っていたと見られ、実際マヤ暦やマヤ文字などはオルメカの流れをくんでいるという。

なぜそれらが判明したかというと、オルメカ民族は実に多彩な文明の足跡を残していたからだ。

暦を記した石碑、文字を表したタイルなどは、オルメカ文明の中心地であったラベンタやサン・ロレンソで多く発見されている。そして、そこでは「半ジャガー人」という、奇妙な神の存在も明らかにされた。

中南米の考古学に興味のある人ならおわかりかもしれないが、マヤやインカなど、古代文明と呼ばれるものには実によくジャガーが登場する。若干の宗教観の違いはあれど、総じてジャガーは古代人が神聖な存在、すなわち神として崇めた生物である。

中でも半ジャガーはオルメカ特有のもので、特別な呪術をもった半神とされている。オルメカの遺跡からは、半分人間、半分ジャガーというモチーフが施された遺

オアハカ歴史地区とモンテ・アルバン遺跡

バロック様式建築を残すオアハカ歴史地区。

物がいくつも発見されており、牙を持った下がり気味の口、ネコ科の動物特有の手、吊りあがったはれぼったい目、低い鼻などが特徴で、いずれも人間のように直立している。

聖なる半ジャガー人は、人間とジャガーのあいだの子として敬われており、実際ジャガーと人間の女性が性交している石像も見つかっている。つまり半ジャガーは、聖なるジャガーと人間との仲立ち的存在だったのである。

神は神でも、オルメカにとってのジャガーは水の神であった。高地で農耕を営んでいた彼らは、雨に豊かな収穫を祈願していた。一方で、当然のことながら低地のジャングルには豊富に水があった。したがって熱帯雨林に住むジャガーを水の神として祀りあげたのである。

事実、オルメカの遺跡はジャングルで見つかったものが多い。農業は高地で行っていても、神（ジャガー）が住む神殿は、ジャングルがふさわしいと考えられていたからだ。先に古代文明にはジャガー信仰が多いと述べたが、実際同時期にペルーのチャビンでもジャガー信仰が始まり、ジャングルの中に大神殿を建設したという記録がある。

オルメカの遺跡から発見された石像には、幼児と思われる半ジャガー人、また半ジャガー人の子供を抱いた大人の像が多い。兎唇《としん》の子供が生まれたときは、神と人間の子としてとくに崇拝されていたようだ。生誕を祝い、雨の恵みを祈願する。水の神が地上に降りてきたと解釈していたのだ。

その信仰は形を少しずつ変えていきながら、マヤやアステカに受け継がれていった。さらに、いまもなおメキシコの一部で「ジャガー神の祭」と呼ばれる風習が残っているという。祭りは雨季の直前に行われ、ジャガーの扮装をした村人が血を流して殴り合う。そのとき流した血が雨になって返ってくると考えられているのだそうだ。

このように、オルメカ文明におけるジャガーは、水の神として現代にまで生き残っている。だが、不思議なことにモンテ・アルバンに限っては、ジャガーは「死者の守護神」として祀られていたという説もある。

モンテ・アルバンはオルメカの流れを継ぎつつも、固有の文化が栄えた都市として有名だ。したがって途中で神の意味合いが変わってしまったこともうなづけないではない。だが、なぜ死者の守護神となったのかは、いまでも謎のままだ。

「踊る人」の謎もふくめ、モンテ・アルバンにはまだまだ知られざるオルメカの真実があるに違いない。

中　国

ラサのポタラ宮

ダライ・ラマ、輪廻の謎を解く秘境の地の宮殿

文化遺産
1994年

世界の屋根、チベット高原。標高３０００から５５００メートルというこの高地には、現在、推定３５０万から４００万人の人々が住んでいるといわれている。その苛酷な自然環境と地理的な要因ゆえに、中国・チベット自治区を訪れるのはなかなか困難を極め、実態を把握できないことからたびたび未知なる地、秘境の地などと称される。

その未知なる地には、ベールに包まれた神秘的な部分もまた多い。

圧巻は、チベットの区都ラサ市のマルポリ山の斜面に建つポタラ宮だ。あるときはまばゆいばかりの光を放ち、またあるときはバックに白雲を従え、あるいは朝霧に包まれて幻想的で荘厳な雰囲気を醸し出す。

その壮麗な姿を目のあたりにした者は誰でも息をのみ、そしてわれを忘れて立ちつくしてしまうといわれるほどだ。

そのポタラ宮は、チベット仏教の宮殿であり僧院であり、また政務所でもあり、霊廟でもある。

まるで地面から生えてきたようなポタラ宮は、東西幅４００メートル、高さ１１７メートルの建物で、13層にわかれている。建物は朱色の紅宮《こうきゅう》と紅宮を包み込む白《はっ》宮《きゅう》とにわけられ、屋根は金メッキの瓦で覆われており、屋根以外はすべて石と木だけで作られている。

白宮は、チベット仏教の頂点に立ち、チベットの王でもあるダライ・ラマの居室のほかに会議室、大広間、事務所、学校、印刷所などがあり、ダライ・ラマ政権の政庁の機能を持っている。

宗教儀式の中心となるのが紅宮で、ここには僧侶の大集会場、礼拝所、仏殿、仏教経典の図書館が設けられている。

各部屋は無数の扉と廊下と階段で仕切られ、一度迷い込んだら二度と戻ることはできないとたとえられるほど複雑な造りといわれる。また、20万体もの仏像があらゆるところに配置され、一種独特な雰囲気がポタラ宮を包んでいる。

さらに、紅宮には金色に輝く霊塔があり歴代のダライ・ラマのミイラ数体が安置されている。

中でも一番大きい霊塔は5代目のダライ・ラマのもので、白檀《びゃくだん》を使い高さ15メートルの高さを誇る。表面には4トンの金が使われ、ダイヤモンド、サファイヤ、ルビーなどがちりばめられている。

一つひとつの殿堂の色彩豊かな壁画には、数々の伝説や古代チベット国王の結婚の様子などが描かれている。紅宮の回廊には紅宮造営の物語を主題とする壁画もある。

ところで、ポタラ宮は13層にわかれているといわれているが、紅宮には13階説と9階説とがあるのだ。正面から見るとたしかに9階建てである。ところが裏から見るとまたべつに3階分の建物が設けられており、これに屋根を足すと全部で13階になるのだ。しかし、実際にその目でポタラ宮を見てもどこをどう1階と数えていいのかよくわからない。

ちなみに建築資材のほとんどがこの山を掘って調達していたため、その穴は竜王池という池になったという。

そんなポタラ宮はいったい誰の手によって造られたのだろうか。

ポタラ宮は1645年、ダライ・ラマ5世のガワン・ロサン・ギャンツォによって建築された。一番大きな霊塔に安置されている人物だ。「垂直のベルサイユ」の異名を持つこの宮殿は、歴代のダライ・ラマが住居としてきたデプン寺のガンデン宮

ラサのポタラ宮

神の地ラサを見下ろすポタラ宮。

をモデルにしたと考えられている。

そして4年後に白宮が完成し、5世はここに移り住んだ。1682年に5世は亡くなるが、実は5世の死は15年も秘密にされていたのである。それはなぜか。ダライ・ラマは観音菩薩《かんのんぼさつ》の生まれ変わりで、ダライ・ラマが亡くなると後継者を捜し出し、幼少の頃から徹底的に英才教育を施す。

つまり、人々が動揺しないように15年のあいだに6代目を探し出し、ひそかにダライ・ラマとしての教育を行っていたのである。

ちなみにポタラとは、POTARAKAという《観音菩薩の住所》を意味するサンスクリット語が語源である。

しかし現代になって、ポタラ宮は1645年以前にすでに建てられていたという説が浮上し、再建と非再建の2つの説が唱えられるようなった。実は、ポタラ宮は7世紀、古代チベット王国の吐蕃《とばん》王朝の時代にすでに築かれていたという伝承が残されているというのだ。当時の王は999間の殿堂を持つ宮殿の建設を命じた。その王宮こそがポタラ宮の前身であり、当時の王宮の一部が残っているという。ほかにも、古代王宮の基礎壁を利用して造営した、白宮を造営するとき遺構があったと説く学者もいる。

さらには、王宮ではないものの何かの建築物がありこれを土台にポタラ宮が建築されたという説も飛び出した。

いずれにしろポタラ宮は、増築を重ねて１９３６年ころ現在の姿に落ち着いたようだ。

ちなみに、紅宮造営の壁画を見るとおおよその工事の手順がわかるという。まず、労働者を集め、建築材料となる木材や石材を切り出して運ぶ。そして、各地からさまざまな職人が呼び寄せられ、内装や外装を施していったのだ。

壁画には道具を持って働く職人や石材を運ぶ様子、さまざまな道具類などが細かく描かれ、建築の様子を垣間見ることができる。また高僧、僧侶、役人や兵士、商人、外国の使節などのさまざまな人物や動物、山河のほかスポーツ大会、闘争、祭といったシーンも描かれているのだ。

ポタラ宮を中心としたチベットの文化や社会も同時に知ることができる。

古代の王宮やそれ以外の建築物が実在するかどうかはポタラ宮、またマルポリ山の大規模な発掘調査をしなければわからない。しかしそれは、神聖な場を汚すことになるためけっして許されないことである。神の地、ラリを見下ろすポタラ宮建築の謎については、おそらく今後も解明されることなく、闇に包まれたままであろう。

メキシコ

メキシコシティ歴史地区とソチミルコ

アステカ族の運命を左右した「13の天上界」「9の地下界」

文化遺産
1987年

ラテンアメリカにおいて、第一級都市といっても過言ではないメキシコシティ。いわずと知れた、メキシコの首都である。

1521年、スペインによって征服されたこの地には、いまでも大聖堂、コルテス宮殿、アラメダ公園など、欧風の美しい建築物が建ち並ぶ。これらはすべてスペイン人の産物であり、およそメキシコの原風景とはほど遠いコロニア風の雰囲気がそこかしこに漂っている。

そのメキシコシティから南へ12キロメートル離れた場所に、ソチミルコという町がある。ここではメキシコシティとはうって変わった、のどかな風景が見られる。ソチミルコは運河の町としても知られ、行き交う小舟では、花や食べ物、土産物などが売られている。

対照的なこの2つの町が同じ世界遺産に登録されているのには、わけがある。このあたり一帯は、かつてアステカ帝国の都が存在した場所なのだ。

アステカは長いメソアメリカ（中米）の歴史の中でも最後期にあたり、スペインの侵略を直接目のあたりにした帝国だ。オルメカ、マヤ、トルテカの後継として栄え始めたのは、およそ700年前。正確な数字ははじき出されてはいないものの、アステカ民族は1325年ころ、この地に都市を建設したという。都市の名は「テノチティトラン」。この名前に関しては、ちょっとした神話がある。

アステカ族はもともとメキシコ北部のけっして住みやすい場所とはいえない島に住んでいた。そこで、部族の神であるウイツィロポチトリから「サボテンの上に、ヘビをくわえたワシのいる場所に居を定めるべし」とのお告げを受ける。彼らは部族の名を「ウイツィロポチトリの民」という意味を持つ「メシカ」に改め、お告げどおりの場所を、メキシコ盆地のテスココ湖に見つけた。そこから100年足らずの間に、周辺の都市を制圧した彼らは、「石のように堅いサボテンの地」という意味をこめ、「テノチティトラン」と名づけた町を首都とした。

メシカ＝メヒコ＝メキシコであり、神話に出てくるヘビ、ワシ、サボテンは、メキシコ国旗に描かれている。すなわち、この神話は現代のメキシコ創世の神話といってもいいのだ。

ほかにも、アステカ族のあいだには数々の神話が伝わっている。それらは彼ら固有の信心や慣習など、さまざまな考えが基盤となっているが、中でももっとも興味深いのはアステカ族の不思議な世界観である。

アステカ族は、地球は水に囲まれた円盤状のかたまりだと考え、世界のことを「セマナワック」（水で囲まれたもの）と呼んでいた。天も地も水であり、それは宇宙の水と一体化されている。それにより壁のようなものが形成され、天を支えていると考えていたのだ。

世界を平面で見た場合、大地は中心から四方に広がり、東は「トラプコパ」（光の方角）と呼ばれ赤色が象徴、西は「シワトランバ」（女たちの方角）と呼ばれ白色が象徴、南は「ウイツランパ」（トゲの方角）と呼ばれ青色が象徴、北は「ミトランパ」（死者の方角）と呼ばれ黒色が象徴であった。

次に垂直に見た場合だが、世界は上下で分けられる。天上界は13層、地下界は9層で形成されていた。

天上界の下から5層分は、月、星、太陽、金星、彗星の通り道であり、6層目から12層目までは色の異なるそれぞれの天がある。そして最上層は二元性の場所という意味の「オメヨカン」と呼んでいた。

メキシコシティ

アメリカ大陸最大にして最古の教会建築、メトロポリタン・カテドラル。

地下界は死者の行く場所であった。「ミクトラン」と呼ばれる暗黒の場所で、死者は4年間も地下界をさまよい続ける。さまざまな試練に耐え、9層目にたどり着くと、「無」の状態になり消滅するというものだった。

だが、死者の中でもごくわずかではあるが天国に行ける者もいた。戦争、出産、そして生け贄《いにえ》など、何かの犠牲となった者だけは太陽の天国に行くことができる。さらに、天国へ行って4年が過ぎると、死者の霊は美しい鳥に変化するのである。

死因に水が関わっていると話は別で、水腫《すいしゅ》、癩病《らいびょう》、溺死《できし》などで死んだ場合は、「トラロカン」という水の神が支配する天国へと行く。ここは、ほかよりもかなり楽しい場所であったようだ。

では、それ以外の死者はどこへ行くのか。残念ながらほとんどはミクトラン、すなわち地下界へ行く。それは、神にとって自然死の死者はなんの意味も持たなかったからだとされている。生け贄や戦死した者の方が価値があるというわけだ。

メソアメリカでは生け贄の儀式を行っていた都市が多数あり、アステカも例外ではない。それどころか、アステカの人身御供《ひとみごくう》の儀式には、かなりショッキングな記述も残っている。

生きたまま心臓をえぐり出す、縛りつけて弓矢で射る、生皮を剥《は》ぐなどのほか、首をはねて火にくべたりもした。また、祭式のときだけであるが人肉を食う習慣もあった。こうした行為から、アステカ民族は野蛮民族として、歴史上しばしば取り上げられるが、本来の姿はそうではなかったと考えられている。

アステカ民族にそこまでさせたのは、彼らの絶対的な神への信仰だ。アステカでは神のお告げは絶対であり、すべての出来事は神によって説明され、神によって支配される。生け贄の選出も、明日の天気も、そして死後の世界も、だ。

だが、後に発見されたアステカの詩人の作品には、そんな神たちへの疑問や不安をつづったものも見つかっている。

死後自分たちはどうなるのか、地下界に行ったら本当に「無」になってしまうのか、ならば、自分たちは何のために生まれたのか。

メキシコの古代文明、最後の民族となったアステカはスペイン人たちの侵略を予言していたという。もちろん、抵抗の闘いはあったのだが、結果的にはスペイン人によってアステカ帝国は滅亡のときを迎えた。だが、彼らはそれ以前に自分たちの絶対的な「神」の存在に疑問を抱きはじめていたのかもしれない。崩壊の本当の理由は、信仰に疲れ果てたアステカ民族たちが、自身の手によって自分たちの神を抹殺してしまったからともいえよう。

スペイン

サンティアゴ・デ・コンポステーラの巡礼路
12使徒の一人、聖ヤコブが眠る巡礼の聖地

文化遺産
1993年

キリストが自ら選んだ12人の弟子、いわゆる12使徒の一人が聖ヤコブである。聖ヤコブはキリストの昇天後、ローマ帝国属州ヒスパニアへ布教に赴いた。しかし目的を果たせずエルサレムに戻ったところを、ヘロデ・アグリッパ1世に捕らえられ首をはねられてしまう。

殉教者となった聖ヤコブの遺体をわずかな数の信徒たちが石棺に納めて海岸へ運ぶと、天使に両脇を支えられた船が現れて石棺を運び去った。敬虔《けいけん》な聖ヤコブの遺体は、航海の途中もサケの群れに向かって信徒の栄養として身を捧げるよう説教することを忘れなかったという。

このキリスト教の物語は、後になって新たな1章を書き加えられた。813年にスペインのガリシア地方で、聖ヤコブの墓が見つかったという伝説が語られるようになったのだ。

やがてこの地方に聖ヤコブを埋葬したという聖堂が作られ、周囲には街が生まれた。そしてヨーロッパ中のキリスト教徒が、聖ヤコブの遺骸を目指して巡礼に訪れるようになる。

こうしてローマ、エルサレムと並ぶキリスト教三大聖地の一つ、サンティアゴ・デ・コンポステーラが生まれた。サンティアゴとは、スペイン語で聖ヤコブを意味する言葉だ。

現代もこの地を目指す巡礼者は後を絶たない。もっともかつての巡礼者たちが歩いた道を、今では観光バスで快適に旅することができる。

中には徒歩や自転車で聖地を目指す者もいるが、スポーツとして巡礼に挑む場合が多い。しかし9世紀の巡礼者にとって、それが現代のように楽な旅でなかったことはいうまでもない。

世界遺産に登録された巡礼路は、イベリア半島のつけ根のピレネー山脈からスペイン北西部に至る約900キロの道のりだ。この遠大な距離を歩いてリンティアゴ・デ・コンポステーラへと向かう人々は、出発前に遺言状をしたためたと伝えられている。険しい山中での遭難はもちろんのこと、巡礼者を狙った略奪も横行していたためだ。

しかし、巡礼が最盛期を迎える11世紀頃には沿道に数々の教会や修道院、それに宿舎や救護院まで整備されて、巡礼者の便宜が図られるようになった。とはいえ巡礼が死を伴う危険な旅だったことに変わりはない。にもかかわらず多くのキリスト教徒が旅立ったのは、巡礼を成し遂げた者にだけ与えられる罪の許しの証明書「コンポステーラ」を求めてのことだったのである。

そうした信徒たちの思惑とは別なところで、巡礼はヨーロッパの文化と芸術に大きな恵みをもたらした。巡礼路の随所に、建築をはじめとするロマネスク様式の美術が花開いたのだ。

巡礼路に作られた重要な建築は、ハカのサン・ペドロ大聖堂、フロミスタのサン・マルティン聖堂、レオンのサン・イシドーロ聖堂など。このうち11世紀中頃に建設が始まったハカのサン・ペドロ大聖堂は、巡礼路に設けられた最初の重要なロマネスク様式建築だ。また同じ頃に作られたフロミスタのサン・マルティン聖堂は、各地から訪れる巡礼者が持ち寄った石材で建てられたといわれている。

しかし、中でも抜きん出ているのはブルゴスの大聖堂だ。中世の４００年以上に渡ってカスティリヤ王国の都だったブルゴスは、巡礼路の要所として栄えた街でもある。ここで大聖堂の建設が始まったのは13世紀のこと。完成したのはそれから約

サンティアゴ・デ・コンポステーラの巡礼路

サンティアゴ・デ・コンポステーラへの巡礼路はいくつにもわかれている。

300年近い年月が過ぎてからだ。

何代もの建築家と彫刻家の手になるこの大聖堂は、スペイン・ゴシック建築の最高傑作の一つに数えられる名建築となった。完成した大聖堂を目のあたりにしたスペイン国王フェリペ2世が、「人が作ったものではない。天使の業だ」と呟いたのはあまりに有名な逸話である。

巡礼の終着地で巡礼者を迎える、サンティアゴ・デ・コンポステーラの聖堂もまた歴史的にきわめて重要な建築だ。その正面玄関を入ると、200体以上の聖人像を彫刻した「栄光の門」に迎えられる。これは現存するロマネスク彫刻のうちで最高傑作の一つとされている。

さらに中に入ると、上方に聖ヤコブ像が腰掛ける大理石の柱に出会う。巡礼者はここで、柱に手をあてて祈りを捧げるのが習わしである。数世紀におよんで繰り返されたこの習慣のため、大理石の柱にははっきりと人間の手の形をした深い窪みが見てとれる。

毎年7月25日は聖ヤコブの日である。この日、サンティアゴ・デ・コンポステーラでは盛大に花火を打ち上げて聖ヤコブを讃える。同時に大聖堂で開かれるミサでは、一風変わった行事が執り行われる決まりだ。

そこで用いられるのは、ボタフィメイロと呼ばれる高さ1メートルほどの巨大な香炉。もうもうと香が焚《た》かれるこの香炉をロープで吊るし、数人が滑車を使って力いっぱい揺らし続けるのだ。

この風習の起源をたどると12世紀にまでさかのぼる。当時、ようやくたどり着いた巡礼者で埋め尽くされていた聖堂はある問題に悩まされていた。長い旅路の末に染み込んだ巡礼者たちの汗や埃《ほこり》が、耐え難い悪臭を放っていたのである。そこで巨人な香炉で焚いた煙を隅々にまで行きわたらせることで臭いを紛らわせようとしたのだった。

ヤコブの遺骸を目指して、困難な旅を続けた巡礼者たち。しかし敬虔な彼らはともかく、信徒ではない一般人からすれば一つの疑念が生じざるをえない。それは聖ヤコブの遺骸は本当に存在するのか、という疑念だ。

中世後期に散逸した遺骸が19世紀に再発見されたという伝説もあれば、あるいはフランスのサン・セルナン大聖堂にも聖ヤコブの遺骸があるとする伝説もある。もちろんサンティアゴ・デ・コンポステーラの聖堂が信仰に守られているうちは、真相が明らかになることはないだろう。

しかし、聖堂の中でこうした疑いを持つことはタブー視されている。聖堂でその真贋《しんがん》を疑った者は、一瞬のうちに発狂してしまうと言い伝えられているからだ。

イスラエル

エルサレムの旧市街地とその城壁

歴史に翻弄された3つの宗教の聖なる地、その誕生の秘密

文化遺産
1981年,1982年

エジプト、ヨルダン、レバノン、シリアに隣接するイスラエル。この国は何千年にも渡って数々の紛争の舞台となり、多くの犠牲者を出してきた。1991年には湾岸戦争に巻き込まれ、イラクからミサイル攻撃されたのは記憶に新しい。

世界の中でももっとも戦闘の多い国に属するといっても過言ではないこの国に、唯一世界遺産に登録されているものがある。

それは、首都エルサレムの中のエルサレム旧市街地である。旧市街地は城壁に囲まれた、面積1平方キロメートルにすぎない小さな街である。しかし、この街はユダヤ教、イスラム教、キリスト教の3つの宗教の聖地であり、世界中の3教徒から崇められているのだ。そればかりか、3000年もの歴史を誇る世界最古の現存都市として、これまでに幾多の学者たちをも魅了し続けてきた。

現在、旧市街地には民家やバザールなどがひしめきあっているが、なんといって

も目を見張るのがさまざまな宗教施設である。

とくにエルサレム東側にあるオリーブ山に登ると、ユダヤ教のシナゴーグ（寺院）、金色に輝くイスラムのドーム、そしてキリスト教の教会が同時に目に飛び込んできて圧巻だ。

また、その3宗教の聖なる場所も旧市街に集中している。たとえば全人口の5分の4をしめるユダヤ人たちにとって、もっとも聖なる場所が、「嘆きの壁」と呼ばれるところだ。これは市街の南東のはずれにある高さ21メートル、長さ60メートルもの巨大な石の壁で、この前で祈りを捧げるのである。壁の左側のほうはホールになっており、奥には一般公開されていない260メートルもの長いトンネルが掘られている。

嘆きの壁は、かつてそこに建っていた神殿の一部だった。紀元前961年、当時イスラエルの王だったダビデと息子ソロモンによって、モーゼの律法の石板を納めた神殿を建設する。が、バビロン王国によって破壊され、紀元前516年、再び第2神殿が建設された。ヘロデ王の時代にはもっとも壮麗な姿を呈していたが、これも紀元70年と135年の2回、ローマ軍によって破壊されてしまった。

そして、このときユダヤ教徒はエルサレムへ二度と立ち入ることができなくなり、全世界へと離散したのだった。しかし、4世紀に入ってから1年に1度だけ、破壊された神殿のうち唯一残された西側の壁だけには立ち入ることが許されたのである。これが嘆きの壁である。現在ではもちろん、誰でも入ることは許されている。壁に向かって左側が男性用、右側が女性用と決まっており、24時間いつでも立ち寄ることができる。

イスラム教徒にとっての聖地は黄金色を誇る「岩の神殿（モスク）」である。モスクの中には長さ17・7メートル、幅15・4メートルの巨大な岩が安置され、それゆえにこの名がついたわけだが、偶像崇拝が禁止されているイスラム教徒とこの岩にはどんな関係があるというのだろうか。

この岩は、ユダヤ民族をつくったアブラハムが息子イサクを神の生け贄に捧げた場であり、ソロモン王が神殿を建てた場所だった。

また、シメオンが幼いイエス・キリストを抱いて神を讃える言葉を捧げたのもこの神殿である。さらにイスラム教の聖典コーランには、予言者ムハンマドが天国へ旅立ったときの岩と記されている。

つまり、ユダヤ教、キリスト教、イスラム教3つの宗教がこの岩に関係しているのだ。結局、7世紀にイスラム教徒がこの地を手中に収めモスクを建てたのであった。

ちなみに3宗教の原理主義者たちはみな一様に、この岩の場所ではいつか必ずある大きな出来事が起こると予言している。

イスラム教徒は、ユダヤ教徒とキリスト教徒がイスラム教に改宗すると思い、ユダヤ教徒とキリスト教徒はハルマゲドンがここで起きると考えているのだ。

さて、旧市街地内にはキリストが十字架を背負って刑場のゴルゴダの丘へと歩いた1キロメートルの道、ヴィア・ドロローサも残されている。この道にはキリストが十字架の重みで倒れたところなど9つのキリスト教礼拝地があり、行き着いた先に「聖墳墓《せいふんぼ》教会」がある。これがキリスト教徒の聖なる場所である。

ここはローマ帝国のコンスタンティヌス大帝の母親が335年に建てたものである。が、この教会も他と同様に2度ばかり破壊されている。現在の姿は12世紀、十字軍の占領によって再建されたもので、キリストの遺体に油を塗布した石などが展示されている。

ところで、エルサレムは他の古代都市とは異なり、廃墟になることはなかった。侵略者たちは、たとえ街を破壊してもその上に新しい街を建設していったのである。嘆きの壁も、実はいまだに3分の2が地中に埋まったままである。長い歴史の中でいつのまにか埋もれてしまった壁の上に、人々は地下に壁があるとはつゆ知らず、家や店を建てていったのである。

また、嘆きの壁をよくよく見てみると石の大きさや形が違うことに気づく。実は下から6メートルほどまでがヘロデ王の時代のもので、その上はローマ人とトルコ人の手によって築かれた壁だったのだ。

旧市街を囲む4キロメートルの城壁もヘロデ王の時代の土台を使って16世紀にオスマン・トルコのスレイマン大帝が築いたものである。

このように、エルサレムは古い時代の建築物あるいは建造物が幾重にも重なって現在の姿を形成しているのである。

そうしたところ、エルサレム古代都市の謎を解明すべく、発掘調査も何度か試みられている。それによると、早くも紀元前8世紀末には水利施設が作られていたことが解明された。また、現在の旧市街が姿を現すのは2世紀以後のことだという。

しかし、エルサレムの謎はいまだに地下深くに眠り、未解決の問題が多数残されたままになっている。

それにしても、エルサレムの歴史は複雑でなかなか理解し難い地である。それは幾度となく侵略、征服、衰退が繰り返され紆余曲折の道のりをたどってきたからに

エルサレムの旧市街地とその城壁

嘆きの壁（中央左）とその上に岩のドーム、右端にエル・アクサ・モスクが見える。聖墳墓教会はこの手前にある。

ほかならない。

そもそもエルサレムという都市は3000年近くも前、どのようにして作られたのだろうか。

現エルサレムの地には、かつてユダヤ人が住んでいた。ユダヤ民族の歴史は約4000年前、アブラハムという人物とその子イサク、孫ヤコブによって幕をあける。メソポタミアから発掘された紀元前2000年前半のものと推測される古文書には、当時の彼らの遊牧生活が書かれており、また旧約聖書にはアブラハムがどういった経緯でユダヤ民族の長となったかが記されている。

やがてエルサレムに飢饉が広がると、ヤコブは一族とともにエジプトへと移り住んだ。しかし、ヤコブの子孫たちはやがてエジプト人の奴隷とされ、400年のあいだ強制労働を強いられる。そして紀元前13世紀、予言者モーゼは神のお告げによって彼らをエジプトから連れ出し、「約束の地、エレッ・イスラエル（エルサレム）」へと戻したのだ。これがかの有名な、出エジプトである。

紀元前997年、ダビデはイスラエルの12部族を一つにまとめイスラエル国家、そして首都エルサレムを作り、亡くなると息子のソロモンが継承した。このようにしてエルサレムという都市はユダヤ人に代々受け継がれ今日に至るのである。

ちなみに、かつてイスラエルはヨルダンに占領されたりエジプトに管理されていた地区があった。エルサレム自体もイスラエル領とヨルダン領に二分されていた。

実は、こうした対立の発端はいまに始まったのではなくタビデの時代までさかのぼることができる。ダビデが国を作ったとき、彼は南部牧羊部族ユダの出身だったため、北方は他の部族の長老に任すという間接的な支配をしていたのである。それは、その前の王が北部出身だったため、北部には口を出せなかったからでもある。もともと南と北とで境界線が引かれていたのだ。つまり、現代に起こった南北の対立は、かつての対立の帰結点だったという見方もあるのだ。

旧市街地の部分はヨルダン領だったため、世界遺産への登録はヨルダンによって申請された。

予言者マホメットが昇天し、イエス・キリストが十字架にかけられ復活した神秘の地、エルサレム。この地が真に聖地となる日は果たして本当に来るのかどうかは、誰にもわからない。

第5章
美の遺産の隠された真相

フランス

ヴェルサイユ宮殿と庭園

マリー・アントワネットの亡霊と、庭園の不思議な薔薇

文化遺産
1979年

たまたま生まれが違うというだけで、かくも贅沢な暮らしが許されるのか。こうした思いは時代に恵まれたいまのわれわれよりも、18世紀末のフランス市民の方がより痛切だったに違いない。

１７８９年のバスティーユ襲撃に端を発するフランス革命は、そんな市民の怒りが爆発した結果だともいえる。この年の10月、ヴェルサイユ宮殿に乱入した群衆は国王ルイ16世、王妃マリー・アントワネット、そして２人の子供と国王の妹を引きずり出してパリへ連行した。

中でも国家財政を傾けるまで浪費を尽くした王妃は、１７９３年に処刑されるまで群衆の罵倒を浴びせられながら最後の日々を過ごしている。しかし、王妃はどんな贅沢も自分に与えられた当然の権利と信じて疑わず、死の瞬間まで毅然とした態度を崩さなかったという。

フランス絶対王制の下、国王ルイ16世と王妃マリー・アントワネットが贅沢を極めた日々を送った舞台がヴェルサイユ宮殿だ。人類史上にも類を見ない巨大かつ絢爛豪華《けんらんごうか》なこの宮殿は、フランス市民はもとよりヨーロッパ諸国にまで名声を轟《とどろ》かせていた。

果てしない権力の象徴に憧れた18世紀ヨーロッパの君主たちは、競うようにしてヴェルサイユを模倣した宮殿を自国に建てさせている。ロシアのペテルホフ宮殿、プロイセンのサンスーシ宮殿はそうした例の一部だ。彼らは絶対の権力を欲しいままにしたフランス国王への憧れを、その宮殿を模倣することで満足させようとしたのである。

ヴェルサイユ宮殿の歴史は１６２４年にさかのぼる。当時の国王ルイ13世が、パリの南西約18キロのところに狩猟小屋を建てさせたのが始まりだ。

この狩猟小屋を巨大な宮殿に生まれ変わらせたのは、後に《太陽王》と称せられるルイ14世。狩猟小屋は改築に改築を重ねて、宮殿に生まれ変わり、現在見られるような姿となるのは、１６７７年にルイ14世が宮廷をここに移す決断を下してからだ。

宮殿は国王の家族を筆頭に、大勢の貴族とその使用人、役人たちの住居として大規模な増築が加えられた。やがて1682年、ルイ14世は正式にルーブル宮殿からヴェルサイユへと宮廷を移す。こうして最盛期には4000人もの貴族らが暮らした巨大な宮殿が、人々の前に姿を現すのである。

ヴェルサイユで暮らしたフランス国王は、ルイ14世、ルイ15世、そしてルイ16世の3人だ。宮殿の生みの親であるルイ14世は老獪《ろうかい》な戦略によって各地の貴族を王権に従属させ、宮殿で生活する宮廷人へと変貌させた。彼はまた厳格な作法の数々を自ら作り出して貴族たちに徹底させている。

しかしそうした作法は、ルイ15世の時代が訪れると同時に失われた。自らチョコレートを作るほどの美食家、そして女好きとしても知られたこの国王は、貴族たちにつきまとわれる生活が苦痛でたまらなかったのだ。

そうした傾向は、次のルイ16世によっていっそう顕著となる。旧体制最後の国王でもある彼は、先代に輪をかけてプライベートな生活に引きこもろうとした。先代にならって自分の厨房《ちゅうぼう》を作らせただけでなく、その屋根裏には大工仕事や化学の実験をして過ごす部屋まで持っていたという。

屋根裏部屋で一人趣味に耽った国王と反対に、豪奢な生活で知られたのがその王妃マリー・アントワネットだ。

ヴェルサイユ宮殿と庭園

豪華絢爛のヴェルサイユ宮殿とフランス式庭園。

彼女は1755年、オーストリアの王女として生まれた。父はフランツ1世、母親はオーストリアで権勢を振るったハプスブルグ家の当主マリア・テレジアである。マリー・アントワネットが後のルイ16世、ルイ・オーギュストのもとに嫁いだのは1770年のことだ。

当時マリー・アントワネットは15歳、ルイ・オーギュストは19歳だった。結婚式の舞台となったのは、もちろんヴェルサイユ宮殿である。王国の慶事にふさわしく式典は絢爛をきわめたものとなった。招待された王侯貴族の数は、5000人以上にも上ったといわれている。

ところでこの式の途中、あるハプニングが起きている。結婚を祝う花火が庭園で盛大に打ち上げられる予定が、不意に天候が崩れて雷雨となったため中止されたというのだ。

そしてあたかも雷雨が象徴していたかのように、2人の夫婦生活は不幸なものとなっていく。

凡庸《ぼんよう》で引きこもりがちな国王と、美貌に恵まれ生来の浪費家だった王妃。そもそもこの2人を結びつける糸は、政略結婚という以外見つけにくい。またルイ16世は性的不能だったとも言い伝えられている。

そうした2人の関係を象徴するエピソードが、王妃とスウェーデン貴族アクセル・フェルゼンとのロマンスだ。マリー・アントワネットがこの若く凛々《りり》しい青年を見初めたのは、結婚からまだ間もない舞踏会でのことだった。

その後しばらく出会うことはなかったが、1778年にふとしたことで再会してから急速に関係が進んでいく。

王妃はことあるごとにフェルゼンを宮殿に呼び出し、軍服姿が似合うと聞けば軍装での訪問を所望するといった寵愛《ちょうあい》ぶりだった。2人の行動はすぐさま宮殿の噂となったが、国王はとがめもせずに黙認していたという。

ヴェルサイユ宮殿を舞台とした王妃の逢瀬は、やがてフランス革命によって中断される。革命と同時に2人の関係も解消されたかに見えたが、フェルゼンの愛は思いのほか強かったらしい。彼は何度も、市民の手でパリのチュイルリー宮殿に連行された国王一家を救出しようと試みるのだ。しかしフェルゼンの努力も報われず、王妃は断頭台に上らされて38歳の生涯を閉じる。

こうしてマリー・アントワネットのヴェルサイユ宮殿での日々は終わった。ところがそうではないという人々もいる。今もマリー・アントワネットは住む者のいない宮殿で、亡霊となってさまよっているというのだ。

ヴェルサイユ宮殿に伝わるマリー・アントワネットの亡霊談は無数にある。たとえば3階の大広間では真夜中に突然、断頭台の刃が落ちる大きな音が響き渡ることがあるという。また王妃がこよなく愛したという庭園の白バラは、ときおりまるで鮮血のような赤いバラを咲かせるともいう。

そうした逸話の中で古くから有名なのは、1901年に2人のイギリス人女性教師が観光でヴェルサイユを訪れたときの体験だ。

とくに予備知識を持たないまま宮殿の庭園を散策していた2人は、奇妙な胸騒ぎを覚えながらそこで数人の人々と出会う。しかし後になって、2人が歩いた場所にはその時刻誰もいなかったことがわかる。

この不思議なできごとが気になった2人はその後、多くの文献を調べ始めた。すると庭園で出会った人々はみな18世紀末そこで暮らした故人たちであり、中には王妃の姿もあったというのだ。2人は後に、この体験をまとめた『冒険』という本を出版している。

ことの真偽はともかく、ヴェルサイユを訪れる人は誰もがドラマチックな18世紀末に思いを馳せずにはいられないだろう。そんなとき、物語の主人公マリー・アントワネットの幻が見えたとしても無理のないことといえる。

アルジェリア

タッシリ・ナジェール
サハラの洞窟に刻まれた8000年の歴史絵巻

複合遺産
1982年

アフリカ大陸に広がるサハラ砂漠。この砂漠の真ん中にそびえ立っているのが、全長８００キロメートル、高さ平均数百メートルのタッシリ・ナジェール山脈だ。

山脈といっても、けっしてなだらかに山々が連なっているわけではない。ほとんどが砂岩でできており、またその姿はまるできのこが天に向かって何本も突き出ているといった具合に、異容を呈している。

この乾いた砂漠の山脈から、地球の歴史を知るうえでなくてはならない、重要かつ貴重な遺跡が発見されたのは１９０９年、フランスの大尉によるものだった。しかし、このときは単に彼がそれを発見しただけにすぎず、世界に遺跡のうわさが広まることはなかった。その後、47年を経た１９５６年、フランスの考古学者アンリ・ロートを隊長とする探検隊によって遺跡はようやく日の目を見ることとなったのだ。

その遺跡とは、岩陰や洞窟の壁面に描かれた岩絵、ペトリグラフである。それも1カ所だけでなく広範囲に渡って描かれていた。ちょうどスペインのアルタミラの原始絵画がいくつも散らばっているといった感じだ。

描かれていたのは、ゾウ、カバ、ウシ、ウマ、サイ、ダチョウやナツメヤシ、ブナといった動物や植物、そして人間など2万点にもおよぶという膨大なものだった。

中でも興味深いのは、3メートルもある「白い巨人」と呼ばれる絵だ。人間がひじを曲げて腕を広げて立っているような白色に塗られた絵だが、ひじには突起があり、四角い頭には耳のほかにツノのようなものが描かれている。あたかも宇宙人が襲いかかってくるような、不気味な雰囲気を醸し出しているのだ。また、目鼻のない顔を持つ人物らしき絵も登場する。果たしてこれらは人間なのか、それとも宇宙人なのか、謎は深まるばかりである。

ほかにも、入れ墨を彫る人間や猟の様子など、人々の生活ぶりから不可解な絵まで実に多種類の絵が存在する。その色彩も白や赤、褐色、黒など多彩で、美しさを放っている。

さて、これだけ膨大な岩絵をいったい誰がいつごろ描いたというのだろうか。

調査によれば、驚くことに中石器時代にあたる紀元前8000年ころから紀元前後、数千年にも渡って描き続けられてきたものだということがわかったのだ。

描いたのは、このタッシリ台地に住んでいた人々である。現在、解明されている
のは、種族名不明の黒人、フルベ族、リビア族、トゥアレグ族の順で描かれていっ
たということである。

またアンリ・ロートは絵を分析し、年代を「狩猟民の時代」「ウシの時代」「ウマ
の時代」「ラクダの時代」と分類している。

「狩猟時代」の作品にはゾウ、キリン、カバなどの野生動物のほかに入れ墨を彫っ
たり仮面をかぶった人物像が見られる。入れ墨や仮面は黒人の風習であることから、
この時代には黒人が住んでいたことがわかっている。

また、人物画の特徴は、頭部が丸く、顔には目鼻がない「円頭人物」であること
だ。頭に球形のヘルメットとアンテナを乗せ無重力で浮遊する宇宙人と解釈された
絵もある。ところがこれは宇宙人ではなく、ヘルメットとアンテナは羽根飾りをつ
けたずきん、浮遊しているように見えるのは単にこちら側から見ると横向きに浮い
ているように見えるだけのことだったのだ。

先の「白い巨人」も、この時代に描かれたもので、れっきとした人間を描いたも
のなのだ。

「ウシの時代」になると、ウシやヒツジを放牧している風景に混じって家や家事、舞踏、戦闘の様子などが出現するようになる。絵はきわめて写実的で、中には一夫多妻制を表現したり病気払いといった場面も見ることができる。この時代はおよそ紀元前4000年ころにあたる。

「ウマの時代」にはその名のとおり、ウマや馬車、そして馬車に乗る人物などが描かれている。ナツメヤシを栽培している珍しい図もあるが、この時代はほかに比べて極端に点数が少ない。

最後の「ラクダの時代」は紀元前後のころである。ラクダ、ラクダに乗る人のほかに、このころから古代サハラ文字や古代ティフィナグ文字といった文字も登場してくる。

人物画の中にはブーメランを手にするヒトの姿も描かれており、オーストラリアに限らず世界の各地でブーメランが独自に開発されていたことを裏付ける証拠となっている。

また、釣り鐘型の長いスカートをはいた女性の姿も見られるが、これはギリシャのクレタ族の民族衣装だということがわかっており、そこから地中海を渡ってサハラに伝えられたのである。

タッシリ・ナジェール

「頭部を欠く人物」と名づけられた岩絵。

さて現在、タッシリ・ナジェール周辺は不毛の砂漠地帯である。動物もいなければ植物も生えていない。ましてや人間など住めるはずもない。にもかかわらず、なぜここにこうした動物や植物、そして人間の絵が描かれているのだろうか。

容易に察することができるだろうが、サハラ砂漠はかつて緑豊かな潤った土地だったのである。「ウシの時代」の放牧の絵からもわかるとおり、サハラ砂漠は牧草で覆われていたのだ。ちなみにこの時代に住んでいたのはフルベ族であるが、彼らは東アフリカからウシの群をともなってやってきたという説がある。

サハラが乾燥し始めるのは「ウマの時代」、紀元前1500年ころである。乾燥すると牧草をはじめとした植物が生えにくくなる。そこでフルベ族は新しい牧草地を求めて南へと下っていった。そこへ、今度は馬車をひいたリビア族がやってきた。しかし、山で馬車をひくのは困難をきわめるために、ここに定着する人々は少なかった。絵の点数が少ない理由はここにあったのだ。

そして、サハラはますます乾燥していき、馬よりも乾燥に強いラクダが飼われるようになる。今日、タッシリ・ナジェールでガイド役を務めるトゥアレグ族の祖先たちが、このラクダの時代から住んでいたのだ。

まさしく、ここでは人間の歴史はもとより地球の歴史を垣間見ることができるのである。

タッシリ・ナジェールとは、トゥアレグ語で「水の流れる台地」を意味する。実は、山脈の突起は水の浸食によって周りがけずりとられてできたものである。これでいかにサハラが水の多いサバンナだったかがわかるだろう。

ところで、これだけの時を経ているにもかかわらず鮮明な美しさは当時のままである。その秘密は顔料に隠されている。

主な顔料は頁岩《けつがん》である。この頁岩には酸化鉄が含まれており、酸化鉄の多少によって黄色から褐色までさまざまな色を生み出す。この顔料を粉末にして水で溶いて使用したり、あるいはそこに樹脂や動物の脂肪、血、蜂蜜、尿などを混ぜて使っていたらしい。おそらく、この混ぜものが鮮明さを保っているのだろう。

ちなみに、遺跡からは顔料を溶いた石皿やパレット、顔料をすりつぶした石臼なども発見されている。

また、描く道具は指のほか、絵の描き方から草や髪の毛、羽などで筆や刷毛《はけ》を作って使用したと考えられている。

不毛の地に立つタッシリ・ナジェール、そこには8000年という想像を絶する壮大なスケールの絵巻物語が描かれているのだ。

チェコ

プラハ歴史地区
カレル橋の欄干の装飾に日本人が刻まれている理由

文化遺産
1992年

百塔のプラハ、黄金のプラハ、北のローマ、建築博物館。チェコ共和国の首都、プラハを讃える言葉は多い。

プラハは日本人にとってはあまり馴染みのない街といえるだろう。しかし、かつてのヨーロッパではアヴィニョン、ニュルンベルグと並んでヨーロッパ3大都市の一つに数えられた名都である。

また1000年におよぶ歴史を通じて、幸運にも戦乱による破壊をこうむったことが少ない。建築博物館という言葉が表しているとおり、何百もの歴史的建築が立ち並ぶ街並はいまも健在だ。それだけに、プラハは謎めいた伝説や逸話を伝える文化遺産に恵まれた街だともいえる。

伝説によると、プラハはチェコの最初の女王リブシェの予言に基づいて作られたという。リブシェは神秘的な力によって未来を幻視し、プラハの栄光は星々にまで届くだろうと告げた。

たしかにプラハがヨーロッパにその名声を轟かせた点で、予言は的中したといえる。しかし実際の街の起源は、6世紀にスラブ民族がヴァルタヴァ川のほとりで暮らし始めたのが発端だ。

その後、9世紀にチェコ族のある領主が最初のキリスト教会を建設し、続いてプラハ城、ヴィシュフラト城が建てられていった。プラハ城はその後、何度もの増改築を経て現在に至っている。

10世紀以降、キリスト教の普及に伴って街は次第に発展していく。12世紀にはすでに、都市の景観を備えるようにまでなっていた。現在も中世以来の蔵書で有名な図書館を擁するストラホフ修道院が作られたのも、このころである。

しかしプラハの名声がヨーロッパ全土に伝わるのは14世紀以降のこと。ボヘミア王カレル1世が神聖ローマ帝国皇帝に即位して以降、歴史の表舞台に姿を現すようになる。

ボヘミアは10世紀後半にチェコで興った民族王朝だが、建国当初から神聖ローマ帝国つまり現在のドイツの一部とされていた。そうした中で、ボヘミアの歴代君主は帝国内での地位を徐々に高めていき、ついにカレル1世は神聖ローマ帝国皇帝の座を勝ち取るのである。

こうしてプラハは神聖ローマ帝国の首都となり、すでに完成していた旧市街に加えて新市街が建設された。中欧最古の大学といわれるカレル大学が作られたのも、この時代のことだ。

同じころに建てられたのがカレル橋である。これは1357年、カレル1世が城下町と旧市街を結ぶために作らせたものだ。

橋の両端には、ヨーロッパでも指折りの美しさといわれるゴシック様式の橋塔《きょうとう》が設けられている。また後の時代になって、左右の欄干《らんかん》に計30体ものキリスト教の聖者像がつけ加えられた。

ところが驚いたことに、この聖者像の装飾の一部として日本人の姿があしらわれているという。1人の聖者を担ぐようにして作られた大勢の小さな東洋人像の中に、日本の武士が混じっているのだ。

武士が担いでいる聖者とは、ほかでもない日本にはじめてキリスト教を伝えた宣教師フランシスコ・ザビエルである。つまり極東にまで布教に赴いたこの聖者を讃えるため、プラハの彫刻家は当地の人々の群像を忠実に再現して足元に配置したというわけだ。

プラハ歴史地区

カレル橋と旧市街。

カレル橋にはまた、プラハの街にとって心強い伝説が残されている。その物語のあらましはこうだ。

伝説の英雄ブルンツヴィークがアフリカへの冒険旅行に出かけた際、彼は《奇跡の剣》を手に入れる。その剣は主人の呼びかけに応じて、命令した数だけ敵の首を切り落としてくるのだ。

やがて剣はカレル橋の橋脚に隠されることになった。それからは国に危機が訪れるたび、チェコの最初の王とされる聖ヴァーツラフが剣を抜き出して敵を追い払うようになったという。

この聖ヴァーツラフは、国内の弱者を救うと同時に外敵と戦い続けたといわれる伝説上の人物だ。戦死した後は神としてプラハ城に留まり、プラハの街を守っていると伝えられている。

14世紀に繁栄を極めたプラハはその後、宗教改革の嵐に巻き込まれて戦乱を体験した。16世紀にいったん再興したものの、今度は17世紀にヨーロッパ最大の宗教戦争といわれる「30年戦争」で大きく運命を左右されることになる。

当時オーストリアを中心に権勢を振るったカトリックのハプスブルグ家に対して、プロテスタントに改宗したボヘミア貴族が反旗を翻《ひるがえ》したのだ。しかし1620年の

「白山の戦い」の結果、プラハはオーストリア帝国軍に制圧されてしまう。これ以降チェコ人にとっての暗黒時代が始まる。ところが皮肉なことに、この時代にバロック様式の建築が数多く建てられた結果、プラハの街はいっそう壮麗さを増すことになった。

その後、チェコは20世紀になってようやくヴェルサイユ体制の下、チェコ　スロバキア共和国として独立を取り戻す。しかしその独立も長くは続かず、第2次世界大戦ではドイツの支配下となった。

プラハの市庁舎には、そうした苦難の歴史を象徴するかのような不思議な逸話が残されている。

14世紀に建てられた市庁舎は、19世紀に至るまで続いた増改築の末に現代の形となったものだ。その庁舎の名物は、時間とともに天体の動きを表す天文時計である。15世紀末に作られたこの時計は、毎時ごとにキリストの12使徒の人形が現れた後にニワトリが鳴くというカラクリでいまも親しまれている。

ところが17世紀の敗戦により暗黒時代が訪れて以来、時計はずっと止まったままになっていたというのだ。後に弾圧下の民族運動のシンボルともなったこの時計が再び動き始めたのは、１９４８年のこと。あたかもナチス・ドイツからの解放を祝うかのように、300年の眠りから覚めて時を刻み始めたのである。

一方、この市庁舎の北東には同じ街にありながらまったく対照的な歴史をたどった一角がある。それがユダヤ人居住区だ。

その起源は古く、10世紀に商業と鉱工業の発展のためドイツ人とユダヤ人の入植が奨励されて以来だという。

しかし彼らはプラハ市民から冷遇され、ユダヤ人居住区は狭い家がひしめき合うゲットーとなっていた。14世紀、プラハ市民とユダヤ人の対立は悲劇的な事件を招く。ささいなきっかけから、暴徒と化したプラハ市民がユダヤ人居住区を襲撃して虐殺を繰り広げたのだ。

このときユダヤ教の教会、シナゴーグで流された血は、屈辱を後世に伝えるため今日まで一度も洗われたことがないという。1万2000基もの墓が重なり合うようにして並んでいるユダヤ人墓地は、そうした惨状をいまに伝えている。

戦後史においても、「プラハの春」が物語るようにこの街の歴史はけっして平坦なものではなかった。スロバキアとの連邦解消でチェコ共和国となったのも、つい最近の93年のことだ。かつての栄光の都は、いままた新しい歴史を歩み始めたばかりなのである。

スペイン

グラナダのアルハンブラ、ヘネラリーフェとアルバイシン

8人の首が晒された「血塗れの庭」の伝説

文化遺産
1984年,1994年

とくに音楽が趣味でなくても、「アルハンブラ宮殿の思い出」というタイトルを聞いただけでメロディが浮かぶ人は多いだろう。

作曲者は「近代ギターの父」と讃えられたスペインの作曲家兼ギター演奏家、フランシスコ・タレルガ。1896年にタレルガがその宮殿を訪れた体験から生まれた曲である。

ギターならではのトレモロ奏法によって紡ぎ出されるメロディは、美しい哀愁を帯びながらどこかエキゾチックで乾いた香りを漂わせている。

ギターが醸し出すそうした情感は、まさしくアルハンブラ宮殿にふさわしいものだ。異国の地で避け難い没落を前にしながら、王が現世での享楽を求めた城。イスラム建築芸術の極致とされるこの宮殿は、はかない美しさで訪れる者を魅了して止まない。

アルハンブラ宮殿を擁するグラナダはスペイン南部、ジブラルタル海峡近くのエーゲ海からシエラ・ネバダ山脈を隔てたやや内陸に位置する。街の起源はローマ時代にまでさかのぼるが、歴史の舞台にその名前が登場するのは、711年のことである。

当時のイベリア半島は、ローマ帝国が滅亡した後に定着した西ゴート王国が支配していた。しかし、北アフリカを席巻してジブラルタル海峡まで迫っていたイスラム教勢力が、西ゴート王国で生じた内乱に乗じて半島の大部分を手中に収めるのである。

やがて929年、後ウマイヤ朝のアブド・アッラフマーン3世がスペインの教主「ハリファ」を宣言してコルドバを首都と定めた。

その後、イベリア半島ではコルドバを中心に高度なイスラム文化が花開き、ヨーロッパからも中世の暗黒時代をきらって勉学に訪れる者が絶えなかった。そしてコルドバから派遣された副王が治める土地が、南東へ約80キロ離れたグラナダだったのである。

一方で王朝では内紛が繰り返され、1031年に最後のハリファが王座を追われたことで後ウマイヤ朝は滅亡する。その後イベリア半島のイスラム勢力は小国家が

グラナダのアルハンブラ宮殿

外観は質素なグラナダのアルハンブラ宮殿。

乱立する時代となり、1241年にはグラナダもムハンマド1世を戴くナスル朝として独立した。

しかし、キリスト教徒の国土回復戦争「レコンキスタ」は徐々に勢いを強め、イスラム都市は各地で次々と陥落していった。多くのイスラム都市が没落する中、グラナダは避難民となった職人や文化人たちを受け入れてきた。そのためコルドバに代わって新たなイスラム文化の中心地となり、孤立を深めつつも同時に繁栄への道をたどり始める。

アルハンブラ宮殿が建てられたのはそうした時代、13世紀中頃から後半にかけてのことだ。

宮殿はアルカサバと呼ばれる城壁、王宮、後にカルロス5世宮殿と呼ばれる建築、そしてヘネラリーフェ離宮の4つからなる。いずれも外から眺めている限り、これといって惹かれるところはない。

しかし、王宮や離宮の内部空間には、あまりに華麗で幻想的な空間が展開されている。その美しさの主役は、イスラム独特の装飾模様アラベスクだ。

偶像禁止を教義とするイスラム教では、建築の装飾も具象的なモチーフは植物を除いて許されなかった。

そのため文字、植物、そして幾何学図形だけでデザインされた装飾が高度に発達したのである。天使や聖人、そしてキリストと神が乱舞するキリスト教建築と比べるとおとなしい印象だが、抽象的な装飾の美しさはより洗練されているともいえるだろう。

中でももっとも見応えがあるのは、もちろん王宮である。その内部は用途別に大きく2つにわけられていた。

一つは「ミルトの中庭」と「大使の間」を中心とする、王の謁見などに用いられた公的なゾーン。もう一つは「獅子の中庭」とそれを囲む諸室からなる、王の私的なゾーンだ。

いずれの場合も、各部屋が開放的な中庭を取り囲むというイスラム建築のセオリーにのっとって作られていた。

訪問者はもちろん公的なゾーンから宮殿に入ることになる。そこで目を奪われるのは、大使の間を飾った絢爛たる装飾だ。壁面から天井にあふれ返る装飾の豊かさは、この宮殿内でも突出した美しさを誇っている。

続いて獅子の中庭から先は王以外の男性が入ることを許されなかった私的なゾーン、つまりハーレムだ。

2つのゾーンを隔てるこの中庭には、12体のライオン像を配した噴水が設けられている。また中庭を囲む回廊には計124本の大理石の柱が立っており、その上部に施されたレース編みのような装飾が目を惹く。

近代になって獅子の中庭を訪れたスペインの歴史的建築家アントニオ・ガウディが、繊細なデザインを自らの作品に取り入れたほどだ。しかしそうした美しさと裏腹に、この中庭は次のような残酷な逸話も秘めている。

かつてハーレムの女性に近づいた8人の男が斬首され、首をハーレムの一室に晒《さら》された。すると流れ出た血が水路を伝い、ライオンの噴水まで赤く染めたという。

ハーレム内の王の居室と隣接する「アベンセラヘスの間」は、繊細かつ大胆な装飾で覆われた天井が圧巻だ。鐘乳石を加工して作られた装飾はあたかもハチの巣のようで、建築装飾技巧の極致とまで評されている。

19世紀に1人のアメリカ人がここを訪れた際、その忘れ難い美しさのとりことなり1冊の本を記した。その彼は文豪ワシントン・アービング、その著は『アルハンブラ物語』だ。宮殿に伝わる逸話をまとめたこの本には、次のようなエピソードが伝えられている。

かつてグラナダにアハマットという名の幼い王子がいた。容姿と知恵に恵まれたアハマットは占星術師から名君になると告げられたが、王には一つだけ悩みがあった。占いには、アハマットが成人する前に恋をすると王国に危機を招くとも出ていたからだ。

そこで王はヘネラリーフェ離宮を建ててアハマットを住まわせ、当時イスラムで最も優れた学者だった家庭教師以外と接触できないようにしたという。

物語はやがて『千一夜物語』を彷彿とさせるような恋と冒険へと進んでいく。由来の真偽はともかく、実在するヘネラリーフェ離宮もそうしたロマンティックな物語にふさわしい場所だ。

王の避暑地として使われたこの離宮には壮大な空中庭園が設けられ、「すべてを見尽くす者が住む楽園」と称されている。

しかし王が隔絶された幻想の宮殿で享楽に耽るあいだも、外の世界ではキリスト教勢力の包囲が狭まる一方だった。そして1492年、後にスペインとなるカスティーリャとアラゴンの両王国がイスラム最後の堡塁《ほうるい》となったグラナダをついに攻略する。

最後の君主となったムハンマド11世がカトリック女王イサベル1世に宮殿の鍵を差し出したのは、壮麗な装飾が見下ろす大使の間でのことだった。

フランス

パリのセーヌ河岸

ノートル・ダムで発見された王の彫像の頭部、その謎

文化遺産
1991年

フランス北部に聳《そび》えるタスロ山。その奥深い山中にセーヌ川の源泉がある。タスロ山を出発したセーヌ川はブルゴーニュ、シャンパーニュを流れ、ワインやシャンパンの産地を潤していく。そして約300キロほど旅したところで出会うのがパリの街だ。全長774キロメートルのこの川は、やがて第2次世界大戦の激戦地として知られるノルマンディで旅を終える。

古くからパリのシンボルとされたノートル・ダム大聖堂、サント・シャペル礼拝堂といった歴史建築は、セーヌ川に浮かぶ中州の上に建てられている。シテ島と呼ばれるこの中州こそ、パリの歴史が始まった場所だ。その起源は、紀元前3世紀頃にシテ島を中心とする湿地帯で生まれた集落である。当時ここで暮らしていたのは漁業を生業としていたケルト系民族、パリシイ人だ。パリシイ人という呼び名からも一目瞭然のとおり、彼らが地名パリの由来である。また後にパリシイ人が話して

いたラテン語の一方言は、フランス語の基礎ともなった。

パリシイ人のささやかな集落を都市に発展させたのは、ほかでもないジュリアス・シーザーことユリウス・カエサルである。紀元前52年、遠征中のカエサルは集落を攻略してローマ風の都市を築いていった。

続いて486年、この地の新しい支配者となったのは建国したばかりのフランク王国だ。パリは508年から王国の首都とされ、華々しい発展を遂げる。王国が最盛期を迎える9世紀には、すでに2万5000人ほどの人口を擁するまでに成長していた。フランク王国はそれからまもなく3つの王国に分裂し、ドイツ、イタリア、フランスの基礎が形作られていく。そして10世紀末、パリを中心に興ったカペー朝によってフランス統一が成し遂げられた。

はるか昔にパリの礎《いしずえ》を築いたパリシイ人は、かすかな足跡をシテ島に残している。6世紀初頭、かつてパリシイ人がシテ島で神を祀っていた場所にキリスト教の聖堂が建てられた。そしてこの聖堂を新たに作り直したのが、現在もシテ島に聳えるノートル・ダム大聖堂なのである。

いうまでもなくノートル・ダム大聖堂は、シャンパーニュ・アルデンヌ地方にあるランスの大聖堂と並んでフランスを代表する大聖堂だ。ルイ7世の治世である1

163年に建設が始められ、その後200年の歳月を費やして現在の姿になった。

現在パリを訪れる人にとって、ノートル・ダム大聖堂のステンドグラスは旅のハイライトの一つだろう。はるか頭上まで連なる原色の光の洪水は、中世ゴシック建築が到達した一つの極致ともいえる。

しかし実は、現在のステンドグラスは19世紀に行われた修復工事によって蘇ったものだ。18世紀中ごろ、ルイ15世が「暗い」というだけの理由でこのステンドグラスをすべて無色透明なガラスに替えさせていたのである。この国王は同時に、輿《こし》に乗ったまま中へ入れないという理由で大聖堂の入口を無理に広げさせてもいる。さらに18世紀末のフランス革命では、西正面に飾られていた諸王の彫像が引きずり落とされた。こうした破壊行為によって、パリ市民の足はノートル・ダム大聖堂から遠ざかっていく。訪れる者の減った大聖堂は、ますます荒廃を深めていった。

19世紀になって、1冊の本がノートル・ダム大聖堂の運命を変える。それはヴィクトル・ユゴーが書いた『ノートル＝ダム・ド・パリ』だ。1831年に刊行されたこの本によって、パリ市民はパリの貴重なモニュメントを思い出したのである。そこで1845年から20年以上におよぶ大規模な修復工事が行われたのだ。

さらにずっと時代が下った1977年、思いがけない発見があった。革命の時に

パリのセーヌ河岸

歴史建築物が並ぶセーヌ川。

破壊されたと思われていた彫像の頭部が、ノートル・ダム大聖堂にほど近い地面の下から出てきたのである。埋められた経緯は定かでないが、どうやら王党派の誰かがこっそり隠しておいたものらしい。こうして約200年ぶりに帰ってきた諸王の彫像頭部は、現在パリ市内のクリュニー美術館に展示されている。

ノートル・ダム大聖堂と並んでシテ島を有名にしているのが、サント・シャペル礼拝堂だ。13世紀にルイ9世によって建てられたこの礼拝堂には、奇妙な逸話が残されている。キリストが磔刑に処せられたとき、頭に被っていたイバラの冠が納められているというのだ。何でもこれは、ルイ9世がコンスタンティノープルの皇帝から譲り受けたものだという。もっともこの伝説は、パリ市民のあいだであまり信じられていなかったらしい。というのも究極の聖遺物を納めているはずのサント・シャペル礼拝堂は、革命後に小麦粉倉庫として乱暴に扱われていたからだ。しかしこのときに礼拝堂がこうむった被害は、ノートル・ダム大聖堂と同時期に修復された。

シテ島からセーヌ右岸に渡ると、ルーブル美術館、コンコルド広場、そして凱旋《がいせん》門《もん》といったお馴染みの観光名所が一直線に並んでいる。こうした名所が点在する一帯は、17世紀半ばにルイ14世がルーブル宮を再建したころから発展した。パリ西部にあたるその部分を地図で眺めると、シャンゼリゼ通りを含む12本の大通りが凱旋門から放射線状に伸びているのが目につく。これは19世紀後半、ナポレオン3世の治世下に行われた壮大な都市計画によって生まれた景観だ。

都市計画以前のパリ西部は、入り組んだ道路が迷路のように連なる街だった。そこでナポレオン3世は、当時セーヌ県知事だったジョルジュ・ユージン・オスマンに命じてパリの大改造を行ったのである。その結果、パリ西部にあった住居の約半分が破壊されることになった。都市計画の目的は、現在の都市計画と同じく運輸の効率化と都市の活性化を図るためとされている。しかしその一方で、暴徒と化した群衆を鎮圧するための部隊を速やかに派遣できるように道路を整備したという説も否定できない。

19世紀に生まれ変わったパリは、近年また新たな景観を作り出している。国立近代美術館を擁するポンピドゥー・センター、ルーブル美術館の中央入口として建てられたガラスのピラミッド、そして凱旋門と対峙するようにして立つ新凱旋門などだ。こうした建築の設計にあたって、中国系アメリカ人建築家イェオー・ミン・ペイ、あるいはイタリア人建築家レンゾ・ピアノといった海外の才能を起用している点も注目される。ヨーロッパの文化と芸術の中心として栄えたパリは、21世紀に向けて新たな歴史をつづろうとしているようだ。

ドイツ

ハンザ同盟都市リューベック

「死期を告げる座布団」の伝説を裏付ける奇妙な現実

文化遺産 1987年

ドイツ東北部、バルト海へ注ぐトラーヴェ川。その河口付近の中州に、中世ゴシック様式の建物が立ち並んでいる。それがハンザ同盟都市リューベックだ。暗い色調に統一されたレンガ造りの建築群は、北欧の寒々しい空の色も相まって厳粛な空気を漂わせている。

この街に伝わるさまざまな伝説もまた、そうした重々しい雰囲気にふさわしい冷たさに満ちたものだ。

リューベックの街が生まれたのは12世紀のこと。ほどなくしてバイエルンの領主ハインリヒ獅子王《ししおう》が各地から商人を呼び寄せ、さまざまな特権を与えながら街の開発にあたらせた。

やがて12世紀後半になると、ハインリヒ獅子王は神聖ローマ帝国のフリードリヒ1世との戦いに敗北。リューベックは帝国の皇帝直轄地となったが、商人たちには広範な自治権が認められることになった。こうして帝国の保護の下、街はバルト海の通商拠点として発展の道を歩んでいく。

13世紀初頭にはデンマークの支配下に置かれたこともあったが、自立心の強い住民たちは自らこれを撃退して独立を勝ち取った。

皇帝はその功績を認め、リューベックに帝国自由都市の特許状を与える。完全な自治都市となったリューベックはいっそう発展し、周辺に強い影響力を振うようになるのである。

しかし撃退はしたものの、リューベックにとってデンマークが依然として脅威であったことに変わりはない。さらに海賊の被害も頻繁となり、商業活動はますます脅かされるようになった。そこでリューベックの住民は交通の安全を保証するため、近隣都市との間で同盟を結ぶ。こうして生まれたのがハンザ同盟だ。同盟に参加する都市は次第に増え、14世紀には200以上の都市がハンザ同盟に加わった。リューベックはその盟主としてヨーロッパ北部の交易の中枢を担い、「ハンザの女王」と称されるようになる。

リューベックで権力を振るったのは、少数の貴族や富裕な商人たちだ。彼らは参事会を組織して特権をより強固にしていきながら、街のあちこちに数々のゴシック建築を作り上げた。中でも有名なのが、13世紀に建てられた市庁舎である。広場をL字型に囲んでいるこの建物は、ドイツで最も古く美しいゴシック建築の1つに数えられる名建築だ。

商人たちはまた、この市庁舎の北隣に壮麗な聖母マリア聖堂を建設した。聖堂は14世紀まで改築が続けられた結果、高い2つの尖塔を持つ壮大なゴシック建築となっている。

リューベックに伝わる不思議な伝説の多くは、この大聖堂にまつわるものだ。そのうちの1つに、次のような話がある。

当時、大聖堂の参事会員のあいだで奇妙な言い伝えが囁《ささや》かれていた。死期が間近に迫った参事会員が大聖堂の席に座ると、その座布団の下に白いバラが現れるというのだ。そこで参事会員たちは、大聖堂の席につくたび座布団の下を確かめるのが習わしになっていた。

そしてある日、レブンドゥスという名の参事会員がついに白いバラを見つけてしまう。彼は慌てて隣席の座布団の下にバラを押し込んでそ知らぬ顔をしようとしたが、その行為に気づいた隣席の男に咎《とが》められて口論となった。すぐに2人は仲裁されたが、騒ぎを起こした罰としてある呪いの言葉を唱和させられる。

ハンザ同盟都市リューベック

建築様式の宝庫、リューベック。

それは「大聖堂の参事会員の誰かに死期が近づくたび、不正を犯した者の墓の下で音が鳴るだろう」というものだ。ほどなくしてレブンドゥスは死んで埋葬された。すると呪いの言葉どおり、参事会員の誰かに死期が近づくたびに彼の墓から大砲のような不吉な音が鳴るようになったという。

また大聖堂の鐘にまつわる伝説もいくつかある。15世紀末に死んだ少女の言い伝えもその一つだ。

ある日この少女が大聖堂で雑務をしているとき、婚約者が白いシーツを被ってやってきた。イタズラのつもりで少女を驚かせようと考えたのだ。それを見た少女は一瞬のうちに顔色を失い、悲鳴を上げて逃げ回った。しかし少女を驚かせたのは、実は婚約者の姿ではなかった。彼女は白いシーツの背後に不気味な黒い影を見てしまったのだ。それから3日後、少女は青ざめたまま息を引きとった。そしてその遺体が墓地に埋葬されるとき、突然大聖堂の鐘が鳴り渡ったという。

このほか市の参事会員の誰かに死期が近づくと、大聖堂の鐘が逆に鳴らなくなったという言い伝えもある。自治が確立されていたリューベックだけに、やはり参事会員の生死は住民にとって重要な関心事だったのだろう。

しかしその参事会も、16世紀になると柔軟さを失って時代から取り残されるようになる。アメリカ大陸が発見されたとき、ハンザ同盟が大西洋交易に乗り遅れたのもその証しだ。

また各国が自国の商業を保護するようになったことで、同盟は次第に力を失い始めた。そして17世紀に開かれたハンザ同盟の会議「ハンザ会議」で、400年以上続いたハンザ同盟の解消がついに決定されることになる。

同盟の解消で最盛期は去ったものの、その後もリューベックは商業の重要拠点として君臨した。第2次世界大戦では多くの建築が破壊されたが、市民の熱意によって再建されている。かつての繁栄の面影は、現代も輝きを失っていない。

4. ボン・ゼズス・ド・コンゴーニャス聖堂　文化遺産①④　1985年
5. イグアス国立公園　自然遺産③④　1986年
6. ブラジリア　文化遺産①④　1987年
7. セラ・ダ・カピバラ国立公園　文化遺産③　1991年
8. グアラニー人のイエズス会伝道所
文化遺産④　1983年/1984年
9. サンルイス歴史地区　文化遺産③④⑤　1997年
10. 大西洋沿岸南東部森林保護区　自然遺産②③④　1999年
11. ディアマンティーナ歴史地区　文化遺産②④　1999年

ベネズエラ共和国

Republic of Venezuela　首都 カラカス　世界遺産の数 2

1. スペイン植民地時代の古都コロ　文化遺産④⑤　1993年
2. カナイマ国立公園　自然遺産①②③④　1994年

ペルー共和国

Republic of Peru　首都 リマ　世界遺産の数 9

1. クスコ市街　文化遺産③④　1983年
2. マチュ・ピチュ歴史保護区　複合遺産（自然②③　文化①③）1983年
3. チャビン　文化遺産③　1985年
4. ワスカラン国立公園　自然遺産②③　1985年
5. チャン・チャン遺跡　文化遺産①③　1986年　危機遺産1986年
6. マヌー国立公園　自然遺産②④　1987年
7. リマ歴史地区　文化遺産④　1988年/1991年
8. リオ・アビセオ国立公園　複合遺産（自然②③④　文化③）1990年/1992年
9. ナスカおよびフマナ平原の地上絵　文化遺産①③④　1994年

ボリビア共和国

Republic of Bolivia　首都 ラパス　世界遺産の数 4

1. ポトシ市街　文化遺産②④⑥　1987年
2. チキトスのイエズス会伝道施設　文化遺産④⑤　1990年
3. スクレ歴史都市　文化遺産④　1991年
4. サマイパタの砦　文化遺産②③　1998年

3. イグアス国立公園　自然遺産③④　1984年
4. バルデス半島　自然遺産④　1999年
5. クエバ・デ・ラス・マノス、リオ・ピントゥラス　文化遺産③　1999年

ウルグアイ東方共和国

Oriental Republic of Uruguay　首都 モンテビデオ　世界遺産の数 1

1. コロニア・デル・サクラメントの歴史地区　文化遺産④　1995年

エクアドル共和国

Republic of Ecuador　首都 キト　世界遺産の数 4

1. ガラパゴス諸島　自然遺産①②③④　1978年
2. キト市街　文化遺産②④　1978年
3. サンガイ国立公園　自然遺産②③④　1983年　危機遺産1992年
4. サンタ・アナ・デ・ロスリオス・クエンカの歴史地区　文化遺産②④⑤　1999年

コロンビア共和国

Republic of Colombia　首都 サンタフェデボゴタ　世界遺産の数 5

1. カルタヘナ港、要塞、建造物群　文化遺産④⑥　1984年
2. ロス・カティオス国立公園　自然遺産②④　1994年
3. サンタ・クルーズ・モンポスの歴史地区　文化遺産④⑤　1995年
4. ティエラデントロ国立歴史公園　文化遺産③　1995年
5. サン・アグスティン歴史公園　文化遺産③　1995年

セントクリストファー・ネイビス

St.Christopher and Nevis　首都 バステール　世界遺産の数 1

1. ブリムストーン・ヒル要塞国立公園　文化遺産③④　1999年

チリ共和国

Republic of Chile　首都 サンティアゴ　世界遺産の数 1

1. ラパ・ヌイ国立公園　文化遺産①③⑤　1995年

パラグアイ共和国

Republic of Paraguay　首都 アスンシオン　世界遺産の数 1

1. ラ・サンティシマ・トリニダード・デ・パラナ、ヘスス・デ・タバランゲ、サントス・コスメ・イ・ダミアンの各イエズス会伝道所
文化遺産④　1993年

ブラジル連邦共和国

Federative Republic of Brazil　首都 ブラジリア　世界遺産の数 11

1. オウロ・プレート歴史都市　文化遺産①③　1980年
2. オリンダ歴史地区　文化遺産②④　1982年
3. サルバドール・デ・バイア歴史地区　文化遺産④⑥　1985年

ベリーズ

Belize　首都 ベルモパン　世界遺産の数 1

1. ベリーズ珊瑚礁保護区　自然遺産②③④　1996年

ホンジュラス共和国

Republic of Honduras　首都 テグシガルパ　世界遺産の数 2

1. コパンのマヤ遺跡　文化遺産④⑥　1980年
2. リオ・プラターノ生物圏保護区　自然遺産①②③④　1982年　危機遺産1996年

メキシコ合衆国

United Mexican States　首都 メキシコシティ　世界遺産の数 21

1. シアン・カアン　自然遺産③④　1987年
2. パレンケ古代都市と国立公園　文化遺産①②③④　1987年
3. メキシコシティ歴史地区とソチミルコ　文化遺産②③④⑤　1987年
4. 古代都市テオティワカン　文化遺産①②③④⑥　1987年
5. オアハカ歴史地区とモンテアルバン遺跡　文化遺産①②③④　1987年
6. プエブラ歴史地区　文化遺産②④　1987年
7. グアナファット歴史都市と銀山廃坑　文化遺産①②④⑥　1988年
8. チチェン・イッツァ　文化遺産①②③　1988年
9. モレリア歴史地区　文化遺産②④⑥　1991年
10. エル・タヒン古代都市　文化遺産③④　1992年
11. エル・ビスカイノの鯨保護区　自然遺産④　1993年
12. サカテカス銀山遺構　文化遺産②④　1993年
13. バハ・カリフォルニア・スール州サン・フランシスコ山地の岩絵　文化遺産①③　1993年
14. ポポカテペトル山麓の16世紀初頭修道院群　文化遺産②④　1994年
15. ケレタロ歴史地区　文化遺産②④　1996年
16. ウシュマル古代都市　文化遺産①②③　1996年
17. グアダラハラのカバニャス孤児院　文化遺産①②③④　1997年
18. トラコタルパンの歴史的建造物地域　文化遺産②④　1998年
19. カサス・グランデスのパキメ考古学地域　文化遺産③④　1998年
20. ソチカルコの古代遺跡地帯　文化遺産③④　1999年
21. カンペチェ歴史的要塞都市　文化遺産②④　1999年

南アメリカ　South America

アルゼンチン共和国

Argentine Republic　首都 ブエノスアイレス　世界遺産の数 5

1. ロス・グラシアレス　自然遺産②③　1981年
2. グアラニー人のイエズス会伝道所　文化遺産④　1983年／1984年

キューバ共和国

Republic of Cuba　首都 ハバナ　世界遺産の数 5

1. オールド・ハバナと要塞　文化遺産④⑤　1982年
2. トリニダードとインヘニオス渓谷　文化遺産④⑤　1988年
3. サンティアゴ・デ・クーバのサン・ペドロ・ロカ要塞　文化遺産④⑤　1997年
4. グランマ号上陸記念国立公園　自然遺産①③　1999年
5. ビニャーレス渓谷　文化遺産④　1999年

グアテマラ共和国

Republic of Guatemala　首都 グアテマラシティ　世界遺産の数 3

1. ティカル国立公園　複合遺産（自②④　文①③④）1979年
2. アンティグア・グアテマラ　文化遺産②③④　1979年
3. キリグア遺跡公園　文化遺産①②④　1981年

コスタリカ共和国

Republic of Costa Rica　首都 サンホセ　世界遺産の数 3

1. タラマンカ地方 - ラ・アミスタッド保護区群／ラ・アミスタッド国立公園
   自然遺産①②③④　1983年/1990年
2. ココ島国立公園　自然遺産②④　1997年
3. グァナカステ保護地区　自然遺産②④　1999年

ドミニカ共和国

DominicanRepublic　首都 サントドミンゴ　世界遺産の数 1

1. サント・ドミンゴ植民都市　文化遺産②④⑥　1990年

ドミニカ国

Commonwealth of Dominica　首都 ロゾー　世界遺産の数 1

1. モゥーン・トロア・ピトン山国立公園　自然遺産①④　1997年

ハイチ共和国

Republic of Haiti　首都 ポルトープランス　世界遺産の数 1

1. シタデル、サン・スーシー、ラミエール国立歴史公園　文化遺産④⑥　1982年

パナマ共和国

Republic of Panama　首都 パナマ　世界遺産の数 4

1. カリブ海側にあるポルトベロ・サン・ロレンソ要塞　文化遺産①④　1980年
2. ダリエン国立公園　自然遺産②③④　1981年
3. タラマンカ地方 - ラ・アミスタッド保護区群／ラ・アミスタッド国立公園
   自然遺産①②③④　1983年/1990年
4. サロン・ボリバルのあるパナマ歴史地区　文化遺産②④⑥　1997年

5. タッシェンシニ・アルセク・クルエーン国立公園／ランゲールセントエライアスおよび自然保護区とグレイシャーベイ国立公園
自然遺産②③④　1979年/1992年/1994年
6. 独立記念館　文化遺産⑥　1979年
7. レッドウッド国立公園　自然遺産②③　1980年
8. マンモスケーブ国立公園　自然遺産①③④　1981年
9. オリンピック国立公園　自然遺産②③　1981年
10. カホキア土塁跡地　文化遺産③④　1982年
11. グレート・スモーキー山脈国立公園　自然遺産①②③④　1983年
12. ラ・フォルタレサとサン・ファン歴史地区　文化遺産⑥　1983年
13. 自由の女神像　文化遺産①⑥　1984年
14. ヨセミテ国立公園　自然遺産①②③　1984年
15. チャコ文化国立歴史公園　文化遺産③　1987年
16. シャーロッツビルのモンティセロとバージニア大学　文化遺産①④⑥　1987年
17. ハワイ火山国立公園　自然遺産②　1987年
18. タオスのアメリカ先住民居留地　文化遺産④　1992年
19. カールスバッド洞窟国立公園　自然遺産①③　1995年
20. ウォータートン・グレーシャー国際平和自然公園
自然遺産②③　1995年

エルサルバドル共和国

Republic of El Salvador　首都　サンサルバドル　世界遺産の数　1

1. ホヤ・デ・セレンの考古学遺跡　文化遺産③④　1993年

カナダ

Canada　首都　オタワ　世界遺産の数　13

1. ランゾー・メドーズ国立歴史公園　文化遺産⑥　1978年
2. ナハンニ国立公園　自然遺産②③　1978年
3. アルバーター州恐竜公園　自然遺産①③　1979年
4. タッシェンシニ・アルセク・クルエーン国立公園／ランゲールセントエライアスおよび自然保護区とグレイシャーベイ国立公園
自然遺産②③④　1979年/1992年/1994年
5. アンソニー島　文化遺産③　1981年
6. ヘッド・スマッシュト・イン・バッファロー・ジャンプ　文化遺産⑥　1981年
7. ウッドバッファロー国立公園　自然遺産②③④　1983年
8. カナディアン・ロッキー山脈公園　自然遺産①②③　1984年
9. ケベック歴史地区　文化遺産④⑥　1985年
10. グロスモーン国立公園　自然遺産①③　1987年
11. ルーネンバーグ旧市街　文化遺産④⑤　1995年
12. ウォータートン・グレーシャー国際平和自然公園
自然遺産②③　1995年
13. ミグアシャ公園　自然遺産①　1999年

2. バールベック　文化遺産①④　1984年
3. ビブロス　文化遺産③④⑥　1984年
4. ティール　文化遺産③⑥　1984年
5. カディーシャ渓谷と神の杉の森　文化遺産③④　1998年

オセアニア　Oceania

オーストラリア

Australia　首都　キャンベラ　世界遺産の数 13

1. カカドゥ国立公園　複合遺産（自然②③④　文化①⑥）1981年/1987年/1992年
2. グレート・バリアリーフ　自然遺産①②③④　1981年
3. ウィランドラ湖群地方　複合遺産（自然①　文化③）　1981年
4. タスマニア原生国立公園　複合遺産（自然①②③④　文化③④⑥）1982年/1989年
5. ロードハウ諸島　自然遺産③④　1982年
6. 中東部オーストラリアの多雨林保護区　自然遺産①②④　1986年/1994年
7. ウルル・カタジュタ国立公園　複合遺産（自然②③　文化⑤⑥）1987年/1994年
8. クィーンズランドの湿潤熱帯地域　自然遺産①②③④　1988年
9. 西オーストラリアのシャーク湾　自然遺産①②③④　1991年
10. フレーザー島　自然遺産②③　1992年
11. リバースリーとナラコートの哺乳類の化石保存地区　自然遺産①②　1994年
12. ハード島とマクドナルド諸島　自然遺産①②　1997年
13. マックォーリー島　自然遺産①③　1997年

ソロモン諸島

Solomon Islands　首都　ホニアラ　世界遺産の数 1

1. イースト・レンネル　自然遺産②　1998年

ニュージーランド

New Zealand　首都　ウェリントン　世界遺産の数 3

1. テ・ワヒポウナム　自然遺産①②③④　1990年
2. トンガリロ国立公園　複合遺産（自然②③　文化⑥）1990年/1993年
3. ニュージーランドの亜南極諸島　自然遺産②④　1998年

北アメリカ　North America

アメリカ合衆国

United States of America　首都　ワシントン　世界遺産の数 20

1. メサ・ベルデ　文化遺産③　1978年
2. イエローストーン　自然遺産①②③④　1978年、危機遺産　1995年
3. グランド・キャニオン国立公園　自然遺産①②③④　1979年
4. エバーグレーズ国立公園
自然遺産①②④　1979年、危機遺産　1993年

1. バゲルハートのモスク都市　文化遺産④　1985年
2. パハルプールの仏教寺院遺跡　文化遺産①②⑥　1985年
3. サンダーバンズ　自然遺産②④　1997年

パキスタン・イスラム共和国

Islamic Republic of Pakistan　首都 イスラマバード　世界遺産の数 6

1. モヘンジョダロ遺跡　文化遺産②③　1980年
2. タキシラ　文化遺産③⑥　1980年
3. ダフティバーイとサフティバフロルの仏教遺跡　文化遺産④　1980年
4. タッタの歴史的建造物　文化遺産③　1981年
5. ラホールの城塞とシャリマール庭園　文化遺産①②③　1981年
6. ロータス要塞　文化遺産②④　1997年

フィリピン共和国

Republic of the Philippines　首都 マニラ　世界遺産の数 5

1. トゥバタハ岩礁海洋公園　自然遺産②③④　1993年
2. フィリピンのバロック様式の教会群　文化遺産②④　1993年
3. フィリピン・コルディリェラ山脈の棚田　文化遺産③④⑤　1995年
4. プエルトープリンセサ地下河川国立公園　自然遺産③④　1999年
5. ヴィガン歴史地区　文化遺産②④　1999年

ベトナム社会主義共和国

Socialist Republic of Viet Nam　首都 ハノイ　世界遺産の数 4

1. フエの建造物群　文化遺産④　1993年
2. ハーロン湾　自然遺産③　1994年
3. 古都ホイアン　文化遺産②⑤　1999年
4. ミーソン聖域　文化遺産②③　1999年

ヨルダン・ハシミテ王国

Hashemite Kingdom of Jordan　首都 アンマン　世界遺産の数 3

1. ペトラ　文化遺産①③④　1985年
2. アムラ城塞　文化遺産①③④　1985年
3. エルサレム旧市街とその城壁　文化遺産②③⑥　1981年　危機遺産　1982年

ラオス人民民主共和国

Lao People's Democratic Republic　首都 ビエンチャン　世界遺産の数 1

1. ルアンプラバンの町　文化遺産②④⑤　1995年

レバノン共和国

Republic of Lebanon　首都 ベイルート　世界遺産の数 5

1. アンジャル　文化遺産③④　1984年

19. 麗江古城　文化遺産②④　1997年
20. 頤和園《いわえん》　北京皇室庭園　文化遺産①②③　1998年
21. 天壇：北京皇帝の壇廟　文化遺産①②③　1998年
22. 武夷山（ウイシャン）　複合遺産（自然③④　文化③⑥）　1999年
23. 大足石刻（ダァズシク）　文化遺産①②③　1999年

トルコ共和国

Republic of Turkey　首都 アンカラ　世界遺産の数 9

1. イスタンブール歴史地区　文化遺産①②③④　1985年
2. ギョレメ国立公園とカッパドキアの岩石群
 複合遺産（自然③　文化①③⑤）　1985年
3. ディヴリィの大モスクと病院　文化遺産①④　1985年
4. ハットゥシャ　文化遺産①②③④　1986年
5. ネムルト・ダー　文化遺産①③④　1987年
6. クサントス・レトーン　文化遺産②③　1988年
7. ヒエラポリス・パムッカレ　複合遺産（自然③　文化③④）1988年
8. サフランボル市街　文化遺産②④⑤　1994年
9. トロイ遺跡　文化遺産②③⑥　1998年

日本

Japan　首都 東京　世界遺産の数 10

1. 法隆寺地域の仏教建造物　文化遺産①②④⑥　1993年
2. 姫路城　文化遺産①④　1993年
3. 屋久島　自然遺産②③　1993年
4. 白神山地　自然遺産②　1993年
5. 古都京都の文化財　文化遺産②④　1994年
6. 白川郷・五箇山の合掌造り集落　文化遺産④⑤　1995年
7. 原爆ドーム（広島平和記念碑）文化遺産⑥　1996年
8. 厳島神社　文化遺産①②④⑥　1996年
9. 古都奈良の文化財　文化遺産②③④⑥　1998年
10. 日光の社寺　文化遺産①④⑥　1999年

ネパール王国

Kingdom of Nepal　首都 カトマンズ　世界遺産の数 4

1. サガルマータ国立公園　自然遺産③　1979年
2. カトマンズ渓谷　文化遺産③④⑥　1979年
3. ロイヤル・チトワン国立公園　自然遺産②③④　1984年
4. 釈迦生誕地ルンビニー　文化遺産③⑥　1997年

バングラデシュ人民共和国

People's Republic of Bangladesh　首都 ダッカ　世界遺産の数 3

4. シンハラジャ森林保護区　自然遺産②④　1988年
5. 聖地キャンディ　文化遺産④⑥　1988年
3. ゴール旧市街と城塞　文化遺産④　1988年
7. ダンブッラの黄金寺院　文化遺産①⑥　1991年

タイ王国

Kingdom of Thailand　首都 バンコク　世界遺産の数 4

1. スコタイ遺跡と周辺の歴史地区　文化遺産①③　1991年
2. アユタヤ遺跡と周辺の歴史地区　文化遺産③　1991年
3. トゥンヤイ・ファイ・カ・ケン動物保護区　自然遺産②③④　1991年
4. バンチェン遺跡　文化遺産③　1992年

大韓民国

Republic of Korea　首都 ソウル　世界遺産の数 5

1. 石窟庵と仏国寺　文化遺産①④　1995年
2. 八萬大蔵経収蔵の海印寺　文化遺産④⑥　1995年
3. 宗廟　文化遺産④　1995年
4. 昌徳宮　文化遺産②③④　1997年
5. 水原の華城　文化遺産②③　1997年

中華人民共和国

People's Republic of China　首都 ペキン（北京）　世界遺産の数 23

1. 泰山　複合遺産（自然③　文化①②③④⑤⑥）1987年
2. 万里の長城　文化遺産①②③④⑥　1987年
3. 故宮　文化遺産③④　1987年
4. 莫高窟　文化遺産①②③④⑤⑥　1987年
5. 秦始皇帝陵　文化遺産①③④⑥　1987年
6. 周口店の北京原人出土地　文化遺産③⑥　1987年
7. 黄山　複合遺産（自然③④　文化②）1990年
8. 九寨溝の自然景観および歴史地区　自然遺産③　1992年
9. 黄龍の自然景観および歴史地区　自然遺産③　1992年
10. 武陵源の自然景観および歴史地区　自然遺産③　1992年
11. 避暑山荘と外八廟　文化遺産②④　1994年
12. 孔廟・孔林・孔府　文化遺産①④⑥　1994年
13. 武当山の百建築群　文化遺産①②⑥　1994年
14. ラサのポタラ宮　文化遺産①④⑥　1994年
15. 廬山国立公園　文化遺産②③④⑥　1996年
16. 峨嵋山と楽山大仏　複合遺産（自然④　文化④⑥）1996年
17. 平遥古城　文化遺産②③④　1997年
18. 蘇州の古典庭園　文化遺産①②③④⑤　1997年

21. クトゥブ・ミナールと周辺の遺跡群　文化遺産④　1993年
22. ダージリン・ヒマラヤ鉄道　文化遺産②④　1999年

インドネシア共和国

Republic of Indonesia　首都 ジャカルタ　世界遺産の数 6

1. ボロブドゥール寺院遺跡群　文化遺産①②⑥　1991年
2. ウジュン・クロン国立公園　自然遺産③④　1991年
3. コモド国立公園　自然遺産③④　1991年
4. プランバナン寺院遺跡群　文化遺産①④　1991年
5. サンギラン初期人類遺跡　文化遺産③⑥　1996年
6. ロレンツ国立公園　自然遺産①②④　1999年

オマーン国

Sultanate of Oman　首都 マスカット　世界遺産の数 3

1. バフラ城塞　文化遺産④　1987年、危機遺産1988年
2. バット、アルフトゥムとアルアインの考古学遺跡　文化遺産③④　1988年
3. アラビアオリックスの保護区　自然遺産④　1994年

カンボジア王国

Kingdom of Cambodia　首都 プノンペン　世界遺産の数 1

1. アンコール遺跡群　文化遺産①③④　1992年、危機遺産1992年

キプロス共和国

Republic of Cyprus　首都 ニコシア　世界遺産の数 3

1. パフォス　文化遺産③⑥　1980年
2. トロードス地方の壁画教会　文化遺産②③④　1985年
3. ヒロキティア　文化遺産②③④　1998年

シリア・アラブ共和国

Syrian Arab Republic　首都 ダマスカス　世界遺産の数 4

1. ダマスカスの古代都市　文化遺産①②③④⑥　1979年
2. ブスラの古代都市　文化遺産①③⑥　1980年
3. パルミラ考古学遺跡　文化遺産①②④　1980年
4. アレッポの古代都市　文化遺産③④　1986年

スリランカ民主社会主義共和国

Democratic Socialist Republic of Sri Lanka
首都 スリジャヤワルダナプラコッテ　世界遺産の数 7

1. 聖地アヌラダプラ　文化遺産②③⑥　1982年
2. 古代都市ポロンナルワ　文化遺産①③⑥　1982年
3. 古代都市シギリヤ　文化遺産②③④　1982年

アジア *Asia*

イエメン共和国

Republic of Yemen　首都 サナー　世界遺産の数 3

1. シバームの城塞都市　文化遺産③④⑥　1982年
2. サナー旧市街　文化遺産④⑤⑥　1986年
3. ザビドの歴史都市　文化遺産②④⑥　1993年

イラク共和国

Republic of Iraq　首都 バグダッド　世界遺産の数 1

1. ハトラ　文化遺産②③④⑥　1985年

イラン・イスラム共和国

Islamic Republic of Iran　首都 テヘラン　世界遺産の数 3

1. チョーガ・ザンビル　文化遺産③④　1979年
2. ペルセポリス　文化遺産①③⑥　1979年
3. イスファハンのイマーム広場　文化遺産①⑤⑥　1979年

インド

India　首都　ニューデリー　世界遺産の数　22

1. アジャンタ洞窟寺院　文化遺産①②③⑥　1983年
2. エローラ洞窟寺院　文化遺産①③⑥　1983年
3. アーグラ城塞　文化遺産③　1983年
4. タージ・マハル　文化遺産①　1983年
5. コナラクの太陽神寺院　文化遺産①③⑥　1984年
6. マハーバリプラムの建造物群　文化遺産①②③⑥　1984年
7. カジランガ国立公園　自然遺産②④　1985年
8. マナス野生動物保護区　自然遺産②③④　1985年、危機遺産　1992年
9. ケオラデオ国立公園　自然遺産④　1985年
10. ゴアの教会と修道院　文化遺産②④⑥　1986年
11. カジュラホ遺跡群　文化遺産①③　1986年
12. ハンピの建造物群　文化遺産①③④　1986年
13. ファテープル・シクリ　文化遺産②③④　1986年
14. パッタダカルの建造物群　文化遺産③④　1987年
15. エレファンタ洞窟寺院　文化遺産①③　1987年
16. タンジャブールのブリハディシュワラ寺院　文化遺産②③　1987年
17. スンダルバンス国立公園　自然遺産②④　1987年
18. ナンダ・デビ国立公園　自然遺産③④　1988年
19. サンチー仏教遺跡　文化遺産①②③④⑥　1989年
20. フマユーン廟　文化遺産②④　1993年

ウクライナ

Ukraine　首都　キエフ　世界遺産の数 2

1. キエフの聖ソフィア大聖堂と修道院群、キエフ・ペチェルスカヤ大修道院
   文化遺産①②③④　1990年
2. リヴィフ歴史地区　文化遺産②⑤　1998年

ウズベキスタン共和国

Republic of Uzbekistan　首都　タシケント　世界遺産の数 2

1. イチャン・カラ　文化遺産③④⑤　1990年
2. ブハラ　文化遺産②④⑥　1993年

グルジア共和国

Republic of Georgia　首都　トビリシ　世界遺産の数 3

1. ムツヘータ中世教会　文化遺産③④　1994年
2. ヴァグラチ聖堂とゲラチ修道院　文化遺産④　1994年
3. アッパー・スヴァネチ　文化遺産④⑤　1996年

ベラルーシ共和国

Republic of Belarus　首都　ミンスク　世界遺産の数 1

1. ビャウォヴィエジャ国立公園／ベラベジュスカヤ・プッシャ国立公園
   自然遺産③　1992年

ロシア連邦

Russian Federation　首都　モスクワ　世界遺産の数 13

1. サンクトペテルブルク歴史地区　文化遺産①②④⑥　1990年
2. キジ島の木造建築　文化遺産①④⑤　1990年
3. クレムリンと赤の広場　文化遺産①②④⑥　1990年
4. ノブゴロドの歴史的建造物群とその周辺　文化遺産②④⑥　1992年
5. ソロベツキー諸島の文化・歴史的遺跡群　文化遺産④　1992年
6. ウラジミルとスズダリの白壁建築群　文化遺産①②④　1992年
7. トロイツェ・セルギー大修道院の建造物群　文化遺産②④　1993年
8. コローメンスコエの主昇天教会　文化遺産②　1994年
9. コミの原生林　自然遺産②③　1995年
10. バイカル湖　自然遺産①②③④　1996年
11. カムチャッカの火山群　自然遺産①②③　1996年
12. アルタイ・ゴールデン・マウンテン　自然遺産④　1998年
13. 西コーカサス山脈　自然遺産②④　1999年

2. トンブクトゥー　文化遺産②④⑤　1988年　危機遺産　1990年
3. バンディアガラの絶壁　複合遺産（自然③　文化⑤）1989年

南アフリカ共和国

Republic of South Africa　首都　プレトリア　世界遺産の数　3

1. セント・ルーシア大湿原公園　自然遺産②③④　1999年
2. ロベン島　文化遺産③⑥　1999年
3. スタークフォンテン、スワークランズ、クロムドライおよび周辺地域の人類化石遺跡　文化遺産③⑥　1999年

モザンビーク共和国

Republic of Mozambique　首都　マプート　世界遺産の数　1

1. モザンビーク島　文化遺産④⑥　1991年

モーリタニア・イスラム共和国

Islamic Republic of Mauritania　首都　ヌアクショット　世界遺産の数　2

1. アルガン岩礁国立公園　自然遺産②④　1989年
2. ウァダン、シンゲッティ、ティシット、ウァラタのカザール古代都市　文化遺産③④⑤　1996年

モロッコ王国

Kingdom of Morocco　首都　ラバト　世界遺産の数　6

1. フェスの旧市街　文化遺産②⑤　1981年
2. マラケシュの旧市街　文化遺産①②④⑤　1985年
3. アイットベンハドゥ　文化遺産④⑤　1987年
4. 古都メクネス　文化遺産④　1996年
5. ヴォルビリスの考古学遺跡　文化遺産②③④⑥　1997年
6. テトゥアンの旧市街　文化遺産②④⑤　1997年

社会主義人民リビア・アラブ国

Socialist People's Libyan Arab Jamahiriya　首都　トリポリ　世界遺産の数　5

1. レプティス・マグナの考古学遺跡　文化遺産①②③　1982年
2. サブラタの考古学遺跡　文化遺産③　1982年
3. キュレーネの考古学遺跡　文化遺産②③⑥　1982年
4. タドラート・アカクスの岩石画　文化遺産③　1985年
5. ガダマス旧市街　文化遺産⑤　1986年

CIS (Commonwealth of Independent States)

アルメニア共和国

Republic of Armenia　首都　エレバン　世界遺産の数　1

1. ハフパットの修道院　文化遺産②④　1996年

5. キリマンジャロ国立公園　自然遺産③　1987年

中央アフリカ共和国

Central African Republic　首都 バンギ　世界遺産の数 1

1. マノボ・グンダ・サンフローリス国立公園
自然遺産②④　1988年　危機遺産　1997年

チュニジア共和国

Republic of Tunisia　首都 チュニス　世界遺産の数 8

1. チュニスの旧市街　文化遺産②③⑤　1979年
2. カルタゴの考古学遺跡　文化遺産②③⑥　1979年
3. エル・ジェムの円形劇場　文化遺産④⑥　1979年
4. イシュケウル国立公園　自然遺産④　1980年　危機遺産　1996年
5. ケルクアンの古代カルタゴ市街とネクロポリス　文化遺産③　1985年/1986年
6. スースのメディナ　文化遺産③④⑤　1988年
7. 古都カイルアン　文化遺産①②③⑤⑥　1988年
8. ドゥッガ／トゥッガ　文化遺産②③　1997年

ナイジェリア連邦共和国

Federal Republic of Nigeria　首都 アブジャ　世界遺産の数 1

1. スクルの文化的景観　自然遺産③⑤⑥　1999年

ニジェール共和国

Republic of Niger　首都 ニアメ　世界遺産の数 2

1. アイルとテネレの自然保護区　自然遺産②③④　1991年　危機遺産　1992年
2. W国立公園　自然遺産②④　1996年

ベナン共和国

Republic of Benin　首都 ポルトノボ　世界遺産の数 1

1. アボメイの王宮　文化遺産③④　1985年　危機遺産　1985年

マダガスカル共和国

Republic of Madagascar　首都 アンタナナリボ　世界遺産の数 1

1. ベマラハ厳正自然保護区のチンギ　自然遺産③④　1990年

マラウイ共和国

Republic of Malawi　首都 リロングウェ　世界遺産の数 1

1. マラウイ湖国立公園　自然遺産②③④　1984年

マリ共和国

Republic of Mali　首都 バマコ　世界遺産の数 3

1. ジェンネ旧市街　文化遺産③④　1988年

自然遺産②④　1981年/1982年、危機遺産　1992年
2. タイ国立公園　自然遺産③④　1982年
3. コモエ国立公園　自然遺産②④　1983年

コンゴ民主共和国（旧ザイール）

Democratic Republic of Congo　首都 キンシャサ　世界遺産の数 5

1. ビルンガ国立公園　自然遺産②③④　1979年　危機遺産　1994年
2. ガランバ国立公園　自然遺産③④　1980年　危機遺産　1996年
3. カフジ・ビエガ国立公園　自然遺産④　1980年　危機遺産　1997年
4. サロンガ国立公園　自然遺産②③　1984年
5. オカピ野生動物保護区　自然遺産④　1996年　危機遺産　1997年

ザンビア共和国

Republic of Zambia　首都 ルサカ　世界遺産の数 1

1. ビクトリア瀑布（モシ・オア・トゥニャ）自然遺産②③　1989年

ジンバブエ共和国

Republic of Zimbabwe　首都 ハラーレ　世界遺産の数 4

1. マナ・プールズ国立公園、サピ・チェウォール自然保護区
自然遺産②③④　1984年
2. 大ジンバブエ国立遺跡　文化遺産①③⑥　1986年
3. カミ遺跡　文化遺産③④　1986年
4. ビクトリア瀑布（モシ・オア・トゥニャ）　自然遺産②③　1989年

セイシェル共和国

Republic of Seychelles　首都 ビクトリア　世界遺産の数 2

1. アルダブラ環礁　自然遺産②③④　1982年
2. メイ渓谷自然保護区　自然遺産①②③④　1983年

セネガル共和国

Republic of Senegal　首都 ダカール　世界遺産の数 3

1. ゴレ島　文化遺産⑥　1978年
2. ニオコロ・コバ国立公園　自然遺産④　1981年
3. ジュディ鳥類保護区　自然遺産③④　1981年

タンザニア連合共和国

United Republic of Tanzania　首都 ダルエスサラーム　世界遺産の数 5

1. ンゴロンゴロ自然保護区　自然遺産②③④　1979年
2. キルワ・キシワーニとソンゴ・ムナラの遺跡　文化遺産③　1981年
3. セレンゲティ国立公園　自然遺産③④　1981年
4. セルース動物保護区　自然遺産②④　1982年

エジプト・アラブ共和国

Arab Republic of Egypt　首都 カイロ　世界遺産の数 5

1. メンフィスおよび古代都市テーベとそのネクロポリス　文化遺産①③⑥　1979年
2. 古代テーベとネクロポリス　文化遺産①③⑥　1979年
3. アブ・シンベルからフィラエまでのヌビア遺跡群　文化遺産①③⑥　1979年
4. イスラム文化都市カイロ　文化遺産①⑤⑥　1979年
5. アブメナ　文化遺産④　1979年

エチオピア連邦民主共和国

Federal Democratic Republic of Ethiopia
首都 アディスアベバ　世界遺産の数 7

1. シミエン国立公園　自然遺産③④　1978年　危機遺産1996年
2. ラリベラの岩の教会　文化遺産①②③　1978年
3. ファジル・ゲビ、ゴンダール遺跡　文化遺産②③　1979年
4. アワッシ川下流域　文化遺産②③④　1980年
5. ティヤ　文化遺産①④　1980年
6. アクスム　文化遺産①④　1980年
7. オモ川下流域　文化遺産③④　1980年

ガーナ共和国

Republic of Ghana　首都 アクラ　世界遺産の数 2

1. ボルタ、アクラ、中部、西部各州の砦と城塞　文化遺産⑥　1979年
2. アシャンティの伝統建築物　文化遺産⑤　1980年

カメルーン共和国

Republic of Cameroon　首都 ヤウンデ　世界遺産の数 1

1. ジャ・フォナル自然保護区　自然遺産②④　1987年

ギニア共和国

Republic of Guinea　首都 コナクリ　世界遺産の数 1

1. ニンバ山厳正自然保護区
   自然遺産②④　1981年/1982年、危機遺産　1992年

ケニア共和国

Republic of Kenya　首都 ナイロビ　世界遺産の数 2

1. ケニア山国立公園／自然林　自然遺産②③　1997年
2. シビロイ／セントラル・アイランド国立公園　自然遺産①④　1997年

コートジボワール共和国

Republic of Cote d'Ivoire　首都 ヤムスクロ　世界遺産の数 3

1. ニンバ山厳正自然保護区

ラトビア共和国

Republic of Latvia　首都 リガ　世界遺産の数 1

1. リガ歴史地区　文化遺産①②　1997年

リトアニア共和国

Republic of Lithuania　首都 ビリニュス　世界遺産の数 1

1. ビリニュス歴史地区　文化遺産②④　1994年

ルーマニア

Romania　首都 ブカレスト　世界遺産の数 7

1. ドナウ河三角州　自然遺産③④　1991年
2. ビエルタンの要塞教会　文化遺産④　1993年
3. ホレーズ修道院　文化遺産②　1993年
4. モルドヴァ地方の教会群　文化遺産①④　1993年
5. 要塞教会のあるトランシルヴァニアの村落　文化遺産④　1993/1999年
6. オラシュチェ山脈のダキア人要塞　文化遺産②③④　1999年
7. マラムレシュ地方の木造教会　文化遺産④　1999年

ルクセンブルク大公国

Grand Duchy of Luxembourg　首都 ルクセンブルク　世界遺産の数 1

1. ルクセンブルク中世要塞都市の遺構　文化遺産④　1994年

アフリカ　*Africa*

アルジェリア民主人民共和国

Democratic People's Republic of Algeria
首都 アルジェ　世界遺産の数 7

1. ベニ・ハンマド要塞　文化遺産③　1980年
2. タッシリ・ナジェール　複合遺産（自然②③　文化①③）1982年
3. ムサブの渓谷　文化遺産②③⑤　1982年
4. ジェミラ　文化遺産③④　1982年
5. ティパサ　文化遺産③④　1982年
6. ティムガット　文化遺産②③④　1982年
7. アルジェのカスバ　文化遺産②⑤　1992年

ウガンダ共和国

Republic of Uganda　首都 カンパラ　世界遺産の数 2

1. ブウィンディ国立公園　自然遺産③④　1994年
2. ルウェンゾリ山地国立公園　自然遺産③④　1994年

3. アウシュヴィッツ強制収容所　文化遺産⑥　1979年
4. ビャウォヴィエジャ国立公園／ベラベジュスカヤ・プッシャ国立公園
自然遺産③　1992年
5. ワルシャワ歴史地区　文化遺産②⑥　1980年
6. ザモシチの旧市街　文化遺産④　1992年
7. トルン中世都市　文化遺産②④　1997年
8. マルボルクのチュートン騎士団の城　文化遺産②③④　1997年
9. 合体と巡礼公園　文化遺産②④　1999年

ポルトガル共和国

Portuguese Republic　首都 リスボン　世界遺産の数 10

1. アゾーレス諸島のアングラ・ド・ヘロイズモ市街地　文化遺産④⑥　1983年
2. リスボンのジェロニモス修道院とベレンの塔　文化遺産③⑥　1983年
3. バターリャの修道院　文化遺産①②　1983年
4. トマルのキリスト教修道院　文化遺産①⑥　1983年
5. エボラ歴史地区　文化遺産②④　1986年
6. アルコバサのサンタ・マリア修道院　文化遺産①④　1989年
7. シントラの文化的景観　文化遺産②④⑤　1995年
8. ポルト歴史地区　文化遺産④　1996年
9. コア渓谷の岩壁画　文化遺産①②③④　1998年
10. マディラ諸島のラウリシルヴァ　自然遺産②④　1999年

マケドニア・旧ユーゴスラビア共和国

The Former Yugoslav Republic of Macedonia　首都 スコピエ　世界遺産の数 1

1. 文化的・歴史的外観・自然環境をとどめるオフリッド地域
複合遺産（自然③　文化①③④）1979年/1980年

マルタ共和国

Republic of Malta　首都 バレッタ　世界遺産の数 3

1. ハル・サフリエニ地下墓地群　文化遺産③　1980年
2. バレッタ旧市街　文化遺産①⑥　1980年
3. マルタの巨石文化時代の寺院　文化遺産④　1980年/1992年

ユーゴスラビア連邦共和国

Federal Republic of Yugoslavia　首都 ベオグラード　世界遺産の数 4

1. スタリ・ラスとソポチャニ　文化遺産①③　1979年
2. コトルの自然・文化一歴史地域
文化遺産①②③④　1979年、危機遺産　1979年
3. ドゥルミトル国立公園　自然遺産②③④　1980年
4. ストゥデニカ修道院　文化遺産①②④⑥　1986年

自然遺産②③④　1983年
16. ポン・デュ・ガール　文化遺産①③④　1985年
17. ストラスブール旧市街　文化遺産①②④　1988年
18. パリのセーヌ河岸　文化遺産①②④　1991年
19. ランスのノートル・ダム大聖堂、サンレミ教教会、トウ宮殿
文化遺産①②⑥　1991年
20. ブールジュ大聖堂　文化遺産①④　1992年
21. アビニョン歴史地区　文化遺産①②④　1995年
22. ミディ運河　文化遺産①②④⑥　1996年
23. カルカソンヌ歴史城塞都市　文化遺産②④　1997年
24. ピレネー地方ーペルデュー山
複合遺産（自然①③　文化③④⑤）1997/1999年
25. サンティアゴ・デ・コンポステーラへの巡礼路
文化遺産②④⑥　1998年
26. リヨン歴史地区　文化遺産②④　1998年
27. サン・テミリオン地区　文化遺産③④　1999年

ブルガリア共和国

Republic of Bulgaria　首都 ソフィア　世界遺産の数 9

1. ボヤナ教会　文化遺産②③　1979年
2. マダラの騎手像　文化遺産①③　1979年
3. カザンラクのトラキア人墓地　文化遺産①③④　1979年
4. イヴァノヴォの岩壁修道院　文化遺産②③　1979年
5. ネセブール旧市街　文化遺産③④　1983年
3. リラ修道院　文化遺産⑥　1983年
7. スレバルナ自然保護区　自然遺産④　1983年　危機遺産1992年
8. ピリン国立公園　自然遺産①②③　1983年
9. スヴェシュタリのトラキア人の墓地　文化遺産①③　1985年

ベルギー王国

Kingdom of Belgium　首都 ブラッセル　世界遺産の数 4

1. フランダース地方のベギン会院　文化遺産②③④　1998年
2. ルヴィエールとルルーにある中央運河の4つの閘門と周辺環境
文化遺産③④　1998年
3. ブリュッセルのグラン・プラス　文化遺産②④　1998年
4. フランダース地方とワロン地方の鐘楼　文化遺産②④　1999年

ポーランド共和国

Republic of Poland　首都 ワルシャワ　世界遺産の数 9

1. クラクフ歴史地区　文化遺産④　1978年
2. ヴィエリチカ岩塩坑　文化遺産④　1978年

ハンガリー共和国

Republic of Hungary　首都 ブダペスト　世界遺産の数 5

1. ブダペスト、ブダ城地域とドナウ河畔　文化遺産②④　1987年
2. ホロクー　文化遺産⑤　1987年
3. アッガテレク洞窟群とスロバキア石灰岩台地　自然遺産①　1995年
4. パンノンハルマ修道院と自然環境　文化遺産④⑥　1996年
5. ホルトバージ国立公園　文化遺産④⑤　1999年

バチカン市国

State of the city of Vatican　首都 バチカン　世界遺産の数 2

1. ローマ歴史地区、法皇聖座直轄領、サンパオロ・フォーリ・レ・ムーラ教会　文化遺産①②④⑥　1980年/1990年
2. バチカン市国　文化遺産①②④⑥　1984年

フィンランド共和国

Republic of Finland　首都 ヘルシンキ　世界遺産の数 5

1. ラウマ旧市街　文化遺産④⑤　1991年
2. スオメンリンナ要塞　文化遺産④　1991年
3. ペタヤヴェシの古い教会　文化遺産④　1994年
4. ヴェルラ製材製紙工場　文化遺産④　1996年
5. 青銅器時代のサンマルラハデンマキ埋葬所　文化遺産③④　1999年

フランス共和国

French Republic　首都 パリ　世界遺産の数 27

1. モン・サン・ミッシェルとその湾　文化遺産①③⑥　1979年
2. シャルトル大聖堂　文化遺産①②④　1979年
3. ヴェルサイユ宮殿と庭園　文化遺産①②⑥　1979年
4. ベズレーのサント・マドレーヌ寺院と丘　文化遺産①⑥　1979年
5. ベゼール渓谷の装飾洞穴　文化遺産①③　1979年
6. フォンテーヌブロー宮殿と公園　文化遺産②⑥　1981年
7. シャンボール城　文化遺産①　1981年
8. アミアン大聖堂　文化遺産①②　1981年
9. オランジュのローマ劇場と凱旋門　文化遺産③⑥　1981年
10. アルルのローマおよびロマネスク様式の建築群　文化遺産②④　1981年
11. フォントネーのシトー派修道院　文化遺産④　1981年
12. アルケスナンの王立製塩所　文化遺産①②④　1982年
13. ナンシーのスタニスラス広場、カリエール広場、アリャーンス広場　文化遺産①④　1983年
14. サンサバン・スル・ガルタンプの教会　文化遺産①③　1983年
15. コルシカのジロラッタ岬、ポルト岬、スカンドラ自然保護区

デンマーク王国

Kingdom of Denmark　首都 コペンハーゲン　世界遺産の数 2

1. イェリング墳丘　文化遺産③　1994年
2. ロスキレ大聖堂　文化遺産②④　1995年

ドイツ連邦共和国

Federal Republic of Germany　首都 ベルリン　世界遺産の数 22

1. アーヘン大聖堂　文化遺産①②④⑥　1978年
2. シュパイアー大聖堂　文化遺産②　1981年
3. ビュルツブルクのレジデンツ宮殿　文化遺産①④　1981年
4. ヴィースの巡礼聖堂　文化遺産①③　1983年
5. ブリュールのアウグストスブルク城とファルケンルスト城
文化遺産②④　1984年
6. ヒルデスハイムの聖マリア大聖堂と聖ミヒャエル教会　文化遺産①②③　1985年
7. トリールのローマ様式建造物、大聖堂、リーブフラウエン教会
文化遺産①③④⑥　1986年
8. ハンザ同盟都市リューベック　文化遺産④　1987年
9. ポツダムとベルリンの公園と宮殿　文化遺産①②④　1990年/1992年
10. ロルシュのアルテンミュンスター修道院と帝国僧院　文化遺産③⑤　1991年
11. ランメルスベルグ旧鉱山と古都ゴスラー　文化遺産①④　1992年
12. バンベルグの中世都市遺構　文化遺産②④　1993年
13. マウルブロンのシトー派修道院群　文化遺産②④　1993年
14. クベートリンブルクの教会と城郭と旧市街　文化遺産④　1994年
15. フェルクリンゲン製鉄所　文化遺産②④　1994年
16. メッセル・ピット化石発掘地　自然遺産①　1995年
17. ケルン大聖堂　文化遺産①②④　1996年
18. バウハウス　文化遺産②④⑥　1996年
19. ルター記念碑　文化遺産④⑥　1996年
20. クラシカル・ワイマール　文化遺産③⑥　1998年
21. ムゼウムスインゼル（博物館島）　文化遺産②④　1999年
22. ワルトブルク城　文化遺産③⑥　1999年

ノルウェー王国

Kingdom of Norway　首都 オスロ　世界遺産の数 4

1. ウルネスの板子寺院　文化遺産①②③　1979年
2. ベルゲンのブリッゲン地区　文化遺産③　1979年
3. 鉱山都市レロス　文化遺産③④⑤　1980年
4. アルタの岩石画　文化遺産③　1985年

19. カセレスのグアダルーペ王立僧院　文化遺産④⑥　1993年
20. サンティアゴ・デ・コンポステーラへの巡礼路　文化遺産②④⑥　1993年
21. ドニャーナ国立公園　自然遺産②③④　1994年
22. クエンカの歴史的要塞都市　文化遺産②⑤　1996年
23. バレンシアのロンハ　文化遺産①④　1996年
24. ラス・メドゥラス　文化遺産①②③④　1997年
25. バルセロナのカタルーニャ音楽堂とサン・パウ病院
文化遺産①②④　1997年
26. 聖ミリャン・ジュソ修道院とスソ修道院　文化遺産②④⑥　1997年
27. ピレネー地方ーペルデュー山
複合遺産（自然①③　文化③④⑤）1997/1999年
28. アルカラ・デ・エナレスの大学と歴史的地区　文化遺産②④⑥　1998年
29. イベリア半島の地中海湾の岩壁画　文化遺産③　1998年
30. イビザ、生物多様性と文化　複合遺産（自然②④　文化②③④）1999年
31. サン・クリストバル・デ・ラ・ラグナ　文化遺産②④　1999年

スロバキア共和国

The Slovak Republic 首都 ブラチスラバ　世界遺産の数 4

1. ブルコリーニェツの伝統建造物保存地区　文化遺産④⑤　1993年
2. バンスカー・シチャウニツァの歴史的都市と近隣の中世鉱山遺構
文化遺産④⑤　1993年
3. スピシュキー・ヒラットと周辺の文化財　文化遺産④　1993年
4. アッガテレク洞窟群とスロバキア石灰岩台地
自然遺産①　1995年

スロヴェニア共和国

Republic of Slovenia　首都 リュブリャナ　世界遺産の数 1

1. シュコチアンの洞窟群　自然遺産②③　1986年

チェコ共和国

The Czech Republic　首都 プラハ　世界遺産の数 9

1. プラハ歴史地区　文化遺産②④⑥　1992年
2. チェスキー・クルムロフ歴史地区　文化遺産④　1992年
3. テルチ歴史地区　文化遺産①④　1992年
4. ゼレナホラ地方のネポムクの巡礼教会　文化遺産④　1994年
5. クトナ・ホラ　聖バーバラ教会とセドリックの聖母マリア聖堂を含む歴史地区
文化遺産②④　1995年
6. レドニツェとバルティツェの文化的景観　文化遺産①②④　1996年
7. ホラソヴィツェ歴史的集落保存地区　文化遺産②④　1998年
8. クロメルジーシュの庭園と城　文化遺産　②④　1998年
9. リトミシュル城　文化遺産　②④　1999年

スイス連邦

Swiss Confederation　首都 ベルン　世界遺産の数 3

1. ザンクト・ガレンの大聖堂　文化遺産②④　1983年
2. ミュスタイルの聖ヨハネのベネディクト会修道院　文化遺産③　1983年
3. ベルン旧市街　文化遺産③　1983年

スウェーデン王国

Kingdom of Sweden　首都 ストックホルム　世界遺産の数 9

1. ドロットニングホルム宮殿　文化遺産④　1991年
2. ビルカとホーブゴーデン　文化遺産③④　1993年
3. エンゲルスベアリーの製鉄所　文化遺産④　1993年
4. ターヌムの岩壁彫刻　文化遺産①③④　1994年
5. スコースキュアコゴーデン　文化遺産②④　1994年
6. ハンザ同盟の都市ヴィスビー　文化遺産④⑤　1995年
7. ルーレオ旧市街の教会村　文化遺産②④⑤　1996年
8. ラップランドの貴重な自然ーサーメ文化　複合遺産（自然①②③ 文化③⑤）1996年
9. カールスクルーナの軍港　文化遺産②④　1998年

スペイン

Spain　首都 マドリード　世界遺産の数 31

1. コルドバ歴史地区　文化遺産①②③④　1984年/1994年
2. グラナダのアルハンブラ、ヘネラリーフェとアルバイシン
   文化遺産①③④　1984年/1994年
3. ブルゴス大聖堂　文化遺産②④⑥　1984年
4. マドリッドのエルエスコリアル修道院と旧王室　文化遺産①②⑥　1984年
5. バルセロナのグエル公園、グエル邸、カサ・ミラ　文化遺産①②④　1984年
6. アルタミラ洞窟　文化遺産①③　1985年
7. 古都セゴビアとローマ水道　文化遺産①③④　1985年
8. オヴィエド歴史地区　文化遺産①②④　1985年/1998年
9. サンティアゴ・デ・コンポステーラ旧市街　文化遺産①②⑥　1985年
10. 古都アビラと城郭　文化遺産③④　1985年
11. テルエルのムデハル様式建築　文化遺産④　1986年
12. トレドの旧市街　文化遺産①②③④　1986年
13. ガラホナイ国立公園　自然遺産②③　1986年
14. カセレスの旧市街　文化遺産③④　1986年
15. セビリア大聖堂　アルカサル、インディアス古文書館
    文化遺産①②③⑥　1987年
16. 古都サラマンカ　文化遺産①②④　1988年
17. ポブレットの修道院　文化遺産①④　1991年
18. メリダのローマ遺跡　文化遺産③④　1993年

9. ミストラ　文化遺産②③④　1989年
10. オリンピア古代遺跡　文化遺産①②③④⑥　1989年
11. デロス島　文化遺産②③④⑥　1990年
12. ダフニ修道院、オシオス・ルカス修道院とヒオス島のネアモニ修道院
文化遺産①④　1990年
13. サモス島のピタゴリオンとヘラ神殿　文化遺産②③　1992年
14. ヴェルギナの考古学遺跡　文化遺産①③　1996年
15. ミケーネとティリンスの古代遺跡　文化遺産①②③④⑥　1999年
16. パトモス島の神学者聖ヨハネ修道院と黙示録の洞窟歴史地区（コーラ）
文化遺産③④⑥　1999年

クロアチア共和国

Republic of Croatia　首都　サグレブ　世界遺産の数 5

1. ドブロブニク旧市街　文化遺産①③④　1979年
2. ディオクレティアヌス宮殿などのスプリット史跡群　文化遺産②③④　1979年
3. プリトビチェ湖群国立公園　自然遺産②③　1979年
4. ポレッチ歴史地区のエウフラシウス聖堂建築物　文化遺産②③④　1997年
5. トロギール歴史都市　文化遺産②④　1997年

グレートブリテンおよび北部アイルランド連合王国（イギリス）

United Kingdom of Great Britain and Northern Ireland
首都　ロンドン　世界遺産の数　18

1. ジャイアンツ・コーズウェイとコーズウェイ海岸　自然遺産①③　1986年
2. ダーラム城と大聖堂　文化遺産②④⑥　1986年
3. アイアン・ブリッジ峡谷　文化遺産①②④⑥　1986年
4. ファウンティンズ修道院跡を含むスタッドリー王立公園　文化遺産①④　1986年
5. ストーンヘンジ、エーヴベリーと関連遺跡群　文化遺産①②③　1986年
6. グウィネズ地方のエドワード1世ゆかりの城郭群　文化遺産①③④　1986年
7. セント・キルダ島　自然遺産③④　1986年
8. ブレニム宮殿　文化遺産②④　1987年
9. 鉱泉地バース　文化遺産①②④　1987年
10. ハドリアヌスの城壁　文化遺産②③④　1987年
11. ウエストミンスター宮殿、ウエストミンスター寺院、聖マーガレット教会
文化遺産①②④　1987年
12. ヘンダーソン島　自然遺産③④　1988年
13. ロンドン塔　文化遺産②④　1988年
14. カンタベリー大聖堂、聖オーガスチン教会、聖マーチン教会
文化遺産①②⑥　1988年
15. ゴフ島野生生物保護区　自然遺産③④　1995年
16. エディンバラの旧市街・新市街　文化遺産②④　1995年
17. グリニッジ海事　文化遺産①②④⑥　1997年
18. オークニー諸島の新石器時代遺跡中心地　文化遺産①②③④　1999年

27. アグリジェントの考古学地域　文化遺産①②③④　1997年
28. チレントとディアーノ渓谷国立公園など　文化遺産③④　1998年
29. ウルビーノ歴史地区　文化遺産②④　1998年
30. アクイレリアの考古学地域とバシリカ総主教聖堂　文化遺産③④⑥　1998年
31. フラーラ：ルネサンス期の市街とポー川デルタ地帯　1995/1999年　文化遺産②④⑥
32. ヴィッラ・アドリアーナ　1999年　文化遺産①②③

エストニア共和国

Republic of Estonia　首都 ターリン　世界遺産の数 1

1. ターリン歴史地区　文化遺産②④　1997年

オーストリア共和国

Republic of Austria　首都 ウィーン　世界遺産の数 5

1. ザルツブルグ市街の歴史地区　文化遺産②④⑥　1996年
2. シェーンブルン宮殿と庭園　文化遺産①④　1996年
3. ザルツカンマーグート地方のハルシュタットとダッハシュタインの文化的景観　文化遺産②③⑥　1997年
4. センメリング鉄道　文化遺産②④　1998年
5. グラーツ市歴史地区　文化遺産②④　1999年

オランダ王国

Kingdom of the Netherlands　首都 アムステルダム　世界遺産の数 6

1. スホクランドとその周辺　文化遺産③⑤　1995年
2. アムステルダムの防塞　文化遺産②④⑤　1996年
3. キンデルダイク - エルスハウトの風車網　文化遺産①②④　1997年
4. キュラソーのウィレムスタトの歴史地区　文化遺産②④⑤　1997年
5. Ir.D.F.ウォーダヘマール　文化遺産①②④　1998年
6. ドゥローフマーケライ・デ・ベームスター（ハームスター干拓地）　文化遺産①②④　1999年

ギリシャ共和国

Hellenic Republic　首都 アテネ　世界遺産の数 16

1. ヴァッセのアポロ・エピキュリオス神殿　文化遺産①②③　1986年
2. デルフィ古代遺跡　文化遺産①②③④⑥　1987年
3. アテネのアクロポリス　文化遺産①②③④⑥　1987年
4. アトス山　複合遺産（自然③　文化①②④⑤⑥）1988年
5. メテオラの修道院群　複合遺産（自然③　文化①②④⑤）1988年
6. サロニカの原始キリスト教建築とビザンチン様式建築群　文化遺産①②④　1988年
7. エピダウロス古代遺跡　文化遺産①②③④⑥　1988年
8. ロードスの中世都市　文化遺産②④⑤　1988年

ヨーロッパ *Europe*

アイルランド

Ireland　首都 ダブリン　世界遺産の数 2

1. ベンド・オブ・ボインのボイン文化遺跡群　文化遺産①③④　1993年
2. スケリッグ・マイケル　文化遺産③④　1996年

アルバニア共和国

Republic of Albania　首都 ティラナ　世界遺産の数 1

1. ブトリント　文化遺産③　1992/1999年　危機遺産1997年

イタリア共和国

Republic of Italy　首都 ローマ　世界遺産の数 32

1. バルカモニカの岩石画　文化遺産③⑥　1979年
2. ミラノのドミニコ修道院と「最後の晩餐」文化遺産①②　1980年
3. ローマ歴史地区、法皇聖座直轄領、サンパオロ・フオーリ・レ・ムーラ教会　文化遺産①②④⑥　1980年/1990年
4. フィレンツェ歴史地区　文化遺産①②③④⑥　1982年
5. ベネチアとその湾　文化遺産①②③④⑤⑥　1987年
6. ピサのドゥオーモ広場　文化遺産①②④⑥　1987年
7. サン・ジミニャーノ歴史地区　文化遺産①③④　1990年
8. マテーラの岩穴住居　文化遺産③④⑤　1993年
9. ヴィチェンツァとベネトのパッラーディオのヴィラ　文化遺産①②　1994年/1996年
10. シエナ歴史地区　文化遺産①②④　1995年
11. ナポリ歴史地区　文化遺産②④　1995年
12. クレスピ・ダッダ　文化遺産④⑤　1995年
13. フェラーラ、ルネサンス期の町並み　文化遺産②④⑥　1995年
14. デル・モンテ城　文化遺産①②③　1996年
15. アルベルベッロのトゥルッリ　文化遺産③④⑤　1996年
16. ラヴェンナの初期キリスト教記念物とモザイク　文化遺産①②③④　1996年
17. ピエンツァの旧市街　文化遺産①②④　1996年
18. カゼルタの18世紀王宮　文化遺産①②③④　1997年
19. サヴォイア王家住居　文化遺産①②④⑤　1997年
20. パドヴァの植物園　文化遺産②③　1997年
21. モデナの大聖堂、市民の塔、グランデ広場　文化遺産①②③④　1997年
22. ポンペイ、エルコラーノ、トッレ・アヌンツィアータの遺跡　文化遺産③④⑤　1997年
23. カサーレのヴィッラ・ロマーナ　文化遺産①②③　1997年
24. バルーミニのス・ヌラージ　文化遺産①③④　1997年
25. ポルトヴェーネレ、チンクエ・テッレと島々　文化遺産②④⑤　1997年
26. アマルフィ海岸　文化遺産②④⑤　1997年

世界遺産一覧

2000年3月現在、世界遺産は文化遺産480物件、自然遺産128物件、複合遺産22物件の計630物件が登録されています。そのうち危機にさらされている危機遺産は23物件に達しています。ここでは117カ国630物件すべてをリストにまとめました。記載順は物件名、種別、登録基準、登録年度となっています。なお、世界遺産委員会が定める登録基準は次のとおりとなっています。

[文化遺産の登録基準]

① 人類の創造的天才の傑作を表現するもの。
② ある期間、あるいは世界の文化圏において建築物、技術、記念碑的芸術、町並み計画、景観デザインの発展に大きな影響を与えた人間的価値の重要な交流を示しているもの。
③ 現存する、または消滅した文化的伝統や文明の唯一の、あるいは少なくとも希な証拠となるもの。
④ 人類の歴史上重要な時代を例証するある形式の建造物、建築物群、技術の集積、または景観の顕著な例。
⑤ 特に、回復困難な変化の影響下で損傷されやすい状態にある場合における、ある文化（または複数の文化）を代表する伝統的集落、または土地利用の顕著な例。
⑥ 顕著で普遍的な価値を持つ出来事、現存する伝統、思想、信仰、または芸術的、文学的作品と直接に、または明白に関連するもの。

[自然遺産の登録基準]

① 地球の歴史上の主要な段階を示す顕著な見本であるもの。生物の記録、地形の発達における重要な地学的進行過程、重要な地形的または自然地理的特性などが含まれる。
② 陸上、淡水、沿岸、および海洋生態系と動植物群集の進化と発達において進行しつつある重要な生態学的、生物学的プロセスを示す顕著な見本であるもの。
③ もっともすばらしい自然的現象、またはひときわすぐれた自然美をもつ地域、および美的な重要性を含むもの。
④ 生物的多様性の本来的保全にとってもっとも重要かつ意義深い自然生息地を含んでいるもの。これには、科学上または保全上の観点からすぐれて普遍的価値を持つ絶滅のおそれのある種が存在するものを含む。

●参考資料・文献（順不同）

「世界遺産の旅」（小学館）
「世界遺産マップス　地図で見るユネスコの世界遺産」（シンクタンクせとうち総合研究機構）
「世界遺産データ・ブック　1999年版」（シンクタンクせとうち総合研究機構）
「世界遺産事典─関連用語と情報源─」（シンクタンクせとうち総合研究機構）
「世界遺産を旅する」（近畿日本ツーリスト）
「ユネスコ世界遺産」（ユネスコ）
「アステカ文明の謎」（高山智博／講談社）
「アンコール・ワット」（ブリュノ・ダジャンス／創元社）
「イギリスの古都と街道上・下」（紅山雪夫／トラベルジャーナル）
「イギリス歴史紀行」（中村勝己／リブロポート）
「イスラエル最新情報」（イスラエル情報センター編／ミルトス）
「NHK国宝への旅17」（NHK取材班／日本放送出版協会）
「王の城と王妃の宮殿物語」（井上宗和／グラフィック社）
「消えた古代文明LOST　WORLD」（Quark編集部／講談社）
「消された歴史を掘る　メキシコ古代史の再構成」（大井邦明／平凡社）
「ギリシア歴史の旅　現代から過去へ」（齋木俊男／恒文社）
「チベット・曼陀羅の世界─その芸術・宗教・生活─」（色川大吉編／小学館）
「チベットの7年」（ハインリヒ・ハラー／福田宏年訳／白水社）
「科学が明かす古代文明の謎」（金子史郎／中央公論社）
「消えた古代王朝の真実」（竹内　均／同文書院）
「京都謎とき散歩」（左方郁子／廣済堂出版）
「古都世界遺産散策」（松本章男／京都新聞社）
「古代遺跡」（森野たくみ、松代守弘／新紀元社）
「古代インカ文明の謎」（ミロスラフ・スティングル／三輪晴啓訳／佑学社）
「古代文明の謎と発見6巨大遺跡」（毎日新聞社）
「古代文明の謎と発見9民族の光と影」（毎日新聞社）
「古代文明と遺跡の謎」（自由国民社）
「古代文明不思議発見」（金子史郎／原書房）
「世界ふしぎ発見！　これが世界の新・七不思議」（幻冬舎）
「都市と古代文明の成立」（伊東俊太郎編／講談社）
「巨大遺跡を行く」（読売新聞社）
「図説インカ帝国」（フランクリン・ピース、増田義郎共著／小学館）
「図説世界の先住民族」（ジュリアン・バージャー／綾部恒雄監修／やまもとくみこ、速水洋子、金基淑、細谷広美、森正美、葛野浩昭訳／明石書店）
「世界の遺跡探検術」（吉村作治／集英社）
「地図で読む世界の歴史　ローマ帝国」（クリス・スカー／吉村忠典監修／河出書房新社）
「トルコ　古代都市を歩く」（小田陽一／平凡社）

「Newton別冊　古代遺跡と伝説の謎」（教育社）
「マヤとアステカ　中米古文化物語」（吉野三郎／社会思想社）
「マヤの予言」（エイドリアン・ギルバート、モーリス・コットレル共著／田中真知訳／凱風社）
「マヤ文明はなぜ滅んだか？」（中村誠一／ニュートンプレス）
「ミステリアス――謎学・世界の遺跡と伝説の地」（ジェニファー・ウーストウッド編／大日本絵画）
「ミステリアスPART2――謎学・世界の遺跡と伝説の地」（ジェニファー・ウーストウッド、ジェームス・ハーパー編／大日本絵画）
「もっと知りたいポーランド」（宮島直機編／弘文堂）
「読んで旅する世界の歴史と文化　イタリア」（河島英昭監修／新潮社）
「読んで旅する世界の歴史と文化　フランス」（清水徹／根本長兵衛監修／新潮社）
「読んで旅する世界の歴史と文化　スペイン」（増田義郎監修／新潮社）
「読んで旅する世界の歴史と文化　ギリシャ」（西村太良監修／新潮社）
「読んで旅する世界の歴史と文化　オーストリア」（池内紀監修／新潮社）
「読んで旅する世界の歴史と文化　中欧　ポーランド、チェコ、スロバキア、ハンガリー」（沼野充義監修／新潮社）
「読んで旅する世界の歴史と文化　イギリス」（小池慈監修／新潮社）

「るるぶ京都」（JTB）
「ワールド・ミステリー・ツアー13　パリ編」（同朋舎）
「ワールド・ミステリー・ツアー13　ドイツ／フランス編」（同朋舎）
「世界魔人伝」（青春出版社）
「魔界京都」（火坂雅志／青春出版社）
「世界魔都物語」（青春出版社）
朝日新聞、読売新聞、毎日新聞、日本経済新聞、ほか各スポーツ新聞、地方新聞、各種百科事典、雑誌など

●ビデオ

「新世界紀行　失われた文明　マヤ巨大遺跡群」（東京放送以下同）
「新世界紀行　失われた文明　マヤ古代文明の謎」
「新世界紀行　失われた文明　地中海大紀行」
「新世界紀行　失われた文明　チグリス・ユーフラテス」
「新世界紀行　失われた文明　謎のエーゲ海」
「失われた文明　マヤ　神聖なる王家の血」（テレビ東京以下同）
「失われた文明　インカ　アンデスの興亡」
「失われた文明　中国　力の王朝」
「失われた文明　チベット　時の終焉」
「失われた文明　アフリカ　奪われた栄光」

写真提供：毎日新聞社
UPI・サン・毎日
世界文化フォト
サン・テレフォト

イスラエル大使館
イタリア政府観光局（E.N.I.T.）
エチオピア国営航空
グアテマラ大使館
ギリシャ政府観光局
スイス政府観光局
スペイン政府観光局
ドイツ観光局
中国国家観光局
パキスタン大使館
フランス政府観光局
メキシコ観光省

青春文庫

ふしぎ歴史館

世界遺産《せかいいさん》 30の謎《なぞ》の痕跡《こんせき》

巻ノ二

2000年4月20日　第1刷
2008年9月20日　第2刷

編　者　歴史《れきし》の謎研究会《なぞけんきゅうかい》

発行者　小澤源太郎

責任編集　株式会社プライム涌光

発行所　株式会社青春出版社

〒162-0056 東京都新宿区若松町 12-1

電話 03-3203-2850（編集部）
03-3207-1916（営業部）

振替番号 00190-7-98602

印刷／共同印刷
製本／ナショナル製本

ISBN 4-413-09138-8